逃离青年危机：

当代焦虑生活诊疗手册

胡 南 主编

熬夜大师
修炼手册

電子工業出版社
Publishing House of Electronics Industry
北京·BEIJING

图书在版编目（CIP）数据

逃离青年危机：当代焦虑生活诊疗手册. 熬夜大师修炼手册 / 胡南主编. -- 北京：电子工业出版社，2021.4
ISBN 978-7-121-40195-4

Ⅰ. ①逃… Ⅱ. ①胡… Ⅲ. ①焦虑 – 心理调节 – 青年读物 Ⅳ. ①B842.6–49

中国版本图书馆CIP数据核字（2021）第007228号

责任编辑：杨雅琳
印　　刷：河北迅捷佳彩印刷有限公司
装　　订：河北迅捷佳彩印刷有限公司
出版发行：电子工业出版社
　　　　　北京市海淀区万寿路173信箱　邮编 100036
开　　本：720×1000　1/32　印张：7.75　字数：150千字
版　　次：2021年4月第1版
印　　次：2021年4月第1次印刷
定　　价：98.00元（全四册）

凡所购买电子工业出版社图书有缺损问题，请向购买书店调换。若书店售缺，请与本社发行部联系，联系及邮购电话：（010）88254888，88258888。

质量投诉请发邮件至zlts@phei.com.cn，盗版侵权举报请发邮件至dbqq@phei.com.cn。

本书咨询联系方式：（010）88254210，influence@phei.com.cn，微信号：yingxianglibook。

熬夜大师修炼手册

熬夜

问问自己，今晚你又要因什么而晚睡？

睡不着、不能睡、不想睡。熬夜是自主选择，还是无奈之举？每个不眠之夜，人们姿态各异：为工作加班加点、为课业挑灯夜战，或者单纯只为享受白天被挤占的个人时间。正想着看集美剧玩局游戏，然而抬表一看已过零点……要做的事太多，一天 24 小时太少。

互联网时代，人人都是熬夜大师。很难说我们从未听过“熬夜伤身”——与此相反，每年都有某四大会计师事务所员工 / 互联网精英 / 博士学霸因为睡眠不足而猝死的新闻报道。然而，即使是最清楚熬夜有危害的科研工作者们，也依然难逃晚睡的诱惑。在所有消耗时间的项目中，睡眠是看起来最无关紧要的，它既不能增加你的收入，也无法用于维持社交关系，但是它偏偏又要占用一天 1/3 以上的时间，这是一件很让人恼火的事情。为什么人一定要睡觉？

第一篇《熬夜大师修炼宝典》会先与你聊聊“不睡”这件事，再献上助你成为熬夜大师的必备技能：如何熬夜能让自己活得久一点。第二篇《熬夜大师早睡记》是一个发生在现实当中的故事，身为最该知晓“熬夜如何伤身”的神经科学博士，长期以来，作者赵思家却习惯于清晨五六点入睡、九点起床上班，甚至两三天只睡一次，堪称真正的熬夜大师。不过，若你也想修炼这门长期屹立而不倒的绝技，你可能需要先想清楚。故事的最后，技艺娴熟的熬夜“老司机”放弃了她多年来练就的过人功力，弃暗投明。

然而，喜欢晚睡晚起有可能还真不是你的错。实际上，每个人都有着由基因决定的不同睡眠类型（Chronotype）。在我们的社会中，一部分人群作为天生的夜猫子，体内的生物钟无法与朝九晚五和轮班制的“社会性时钟”保持同步。然而真相是朝九晚五属于工业革命时期的旧制度，已不再适用于全球经济一体化的互联网时代。那么，夜猫子们该如何对抗这种“社会性时差”？第三篇《夜猫子们不要自责了，睡得晚不是我们的错》给出了它的答案。

熬夜大师修炼宝典

作者 | 窦泽南

想通过熬夜成为人生赢家？你可能需要这份宝典。

一个人服老是从不熬夜开始的。

也许是因为课业太过轻松，大学四年教会了我如何在上课时间睡觉，然后在该睡觉的时间学习和娱乐。有一段时间我甚至养成了夜不归宿的习惯，在实验室里一边整理第二天要用的材料，一边大声放着音乐。到了凌晨 3 点半，照例要去空荡荡的校园里巡视一番，北京 11 月晚上的寒风会让人感觉良好，仿佛自己就是黑夜的主人。早上 6 点，迎着第一缕朝阳去食堂，点一份刚出锅的油条，转头碰见我们班每天上课坐第一排的女生，她目瞪口呆地看着我，第一次发现竟有人起得比她还早。

正因为有了这种“锻炼”，大四毕业季我成了全宿舍的熬夜冠军。每次 KTV 刷夜，4 点以后都是我的个人专场，一群大老爷们儿横七竖八地倒在沙发上，一边打着鼾，一边听着我唱“爱情是最辛苦的等待，爱情是最遥远的未来”。

我当然知道熬夜对身体不好，但一个离自己大限还远得很的年轻人，根本不会考虑这些问题。

这个故事后来并没有发生什么戏剧性的变化，故事的主人公没有在鬼门关前晃悠一圈，也没有在病床上躺三个月。我只是渐渐发现，自己熬夜坐久了会头昏眼花，熬夜过后一整天都没有精神，根本无法完成工作任务；口腔溃疡总也好不了，肠胃病一个夏天犯了三次。我开始减少自己的熬夜频率，转而相信中国人的传统智慧：早睡早起，方能养生。

从生物学的角度来讲，人和动物都有着固定的昼夜节律，也叫生物钟。控制哺乳动物生物钟的是下丘脑一个叫作视交叉上核（SCN）的神经团。SCN 一般利用光来校准生物钟，通过分泌激素来指挥人体系统的运行与休息。如果生物钟乱了，失眠是小事，糖代谢、蛋白质合成、激素分泌都会出现紊乱。如何预防？很简单，就四个字：早睡早起。

不过，在现实生活中，想要做到早睡早起并不容易。

2015 年中国医师学会的调查显示，有 1/4 以上的人要在零点之后才会入睡，这个比例在 2013 年时是 14%。互联网、媒体、医疗领域的从业者是睡眠质量最差的职业群体。2016 年初，有机构对 BAT 等互联网公司的员工进行了睡眠质量调查，结果发现，80% 的互联网员工睡眠质量较差，过半的人超过 23 点才上床，平均睡眠时间为 6.7 小时，2/3 的员工经常加班，1/3 以上的员工面临较大的工作和生活压力。

晚睡的人都在干些什么呢？根据统计，中国人晚睡的最大原因是娱乐社交，其中 70 后睡前最爱玩游戏和看新闻，80 后睡前喜欢购物和聊天，90 后主要的睡前活动是看视频和听音乐。另一项研究发现，除了个人娱乐之外，还有一部分人 1/3 的时候晚睡是因为加班和工作应酬。

晚睡反映出的是现代人在时间分配上面临的捉襟见肘的窘境。在美国大学生中有一个流传很广的说法：学习、社交和睡眠，你只能选两样。知乎上有一个“你为什么晚睡”的问题，最高票的回答是：晚上舍不得睡。白天时间属于工作，下班属于家庭，夜深人静的时候，时间终于属于自己。

在所有消耗时间的项目中，睡眠是看起来最无关紧要的，它既不能增加你的收入，也无法用于维持社交关系，但是它偏偏又要占用一天 1/3 以上的时间，这是一件很让人恼火的事情。

为什么一定要睡觉，不睡或者少睡会怎么样?

然而，一个人可以什么都没有，但是不能没有睡眠。国内某个楼盘曾经举行过“摸宝马赢宝马”的营销活动，规则很简单，只要手一直放在宝马车上，坚持时间最长的人就可以把车开回家。有不少选手中间坚持不下去，躺地上就睡了。撑满了 87 个小时的冠军宋先生在获奖后表示，以后就算是送玛莎拉蒂，也不会再来了。

睡眠其实是大脑清理垃圾的过程。人脑每天要消耗掉身体 1/5 到 1/4 的能量，同时也会产生大量的垃圾。这些垃圾堆砌在大脑中，会影响大脑的运行效率。久而久之，还有可能导致疾病，阿尔茨海默病（也就是人们通常理解的老年痴呆症）就是因为一种 β 淀粉样蛋白在脑内的堆叠累积造成的。

所有人体器官在使用的过程中都会产生代谢垃圾，有的垃圾分子量很大，难以透过毛细血管壁，只能通过淋巴系统的回收最终进入血液循环。但我们的大脑为了尽可能地节省空间，提高工作效率，并没有密布毛细淋巴管，而是直接将自己泡在了一缸类似于淋巴液的液体

（脑脊液）中。白天神经元一个连着一个紧密地工作；到了晚上，大脑神经活动减弱，细胞间隙增大，脑脊液涌入细胞间隙，带走其中的垃圾。这个过程就好像上班忙了一个礼拜，到了周末终于有时间可以清洗一下堆积一周的衣物了。

短期内剥夺睡眠，然后呢？

短期内的睡眠剥夺会影响大脑的认知和情感功能，造成记忆力、注意力的下降。连续 24 小时不睡觉，可以使脑力工作绩效整体下降 30%，42 小时后降幅可达 60%。根据美国睡眠障碍研究中心（National Center on Sleep Disorders Research）的折算，睡眠不足带来的影响每年至少会对美国经济造成 1500 亿美元的损失。

在安全领域，因为睡眠导致的效率下降会带来极其严重的后果。发生在道路上的交通安全事故，八成都是由驾驶员睡眠不足引起的。著名的三里岛核事故、切尔诺贝利核事故、印度博帕尔毒气泄漏事故、挑战者号航天飞船解体，在这些重大事故的调查报告中都提到了相关人员睡眠不足引起的操作失误。

泰坦尼克号的悲剧也和发报员菲利普斯当天的休息不足有关。船上共有两个发报员，他们从早上开始忙活了 7 个小时修理坏掉的无线电，之后菲利普斯一直工作到深夜，等待另一个人休息好，凌晨来和他换班。

这艘巨轮避开冰山的最后一次机会发生在当天 22 点 55 分，离他们最近的“加州人”号发来警告——“我们被冰川包围，被迫减速行驶。”此时已经连续工作 15 个小时的菲利普斯完全没有过脑子，直接回了两个“Shut up”，他正忙于和怀斯角取得联络，收发信息。

菲利普斯的举动造成了两个灾难性后果：1. 没有及时将冰山消息传递到舰桥，导致 45 分钟后撞上冰山；2. 距离最近的“加州人”号非常识趣地关掉了无线电，所以灾难发生之后，它迟迟没有收到求救消息。而另一艘救援船卡帕西亚号花了将近 4 个小时才赶到事故地点。如果能够早一点得到救援，杰克和罗丝就能幸福快乐地生活在一起了。

睡眠不足还会降低人的信息整合能力，从而造成决断失误

在缺乏睡眠时，大脑会变得更加短视，对风险的感知能力下降，对眼前利益的渴求上升，所以在灯火通明的拉斯维加斯，每天晚上都有人输得连裤子都不剩。

人类历史上有多少决策是在睡眠不足的情况下做出

来的，我们没有办法考证。一位研究清史的学者茅海建曾经说过：清朝的重大决策几乎都是由一群睡眠不足的人在太阳尚未升起之前做出的。这并非一句玩笑话，封建王朝的皇帝为显得自己勤政，早朝通常安排在寅时（03:00 ~ 05:00）或卯时（05:00 ~ 07:00），具体的时间依皇帝起床的时间而定，并无特别的规律。所以每逢朝会，一群六七十岁的老头子半夜三点就得候在午门，等待皇上召集议事。早朝散了之后，再各回各家开始补觉。那时候路不好走，也没通地铁，一两点钟就要从床上爬起来。要是赶着早上去颐和园见慈禧太后，住在城里的大臣们可能头天晚上就不用睡了。

即使在当今世界，和人类命运相关的一些决策，依然是由一群睡眠不足的人做出的。政治家们为了展现自己的勤奋与力量，通常视睡眠为大敌。俄罗斯总统普京曾公开抱怨过自己每天只能睡四五个小时。美国总统特朗普认为，每天只用睡 4 个小时是自己比另一位候选人希拉里更能够胜任总统的重要原因。新浪做过一个“领导人一天时间去哪儿了”的专题，除了超长待机的英国女王和全世界打酱油的时任联合国秘书长潘基文能够保证睡眠以外，其他领导人每天睡眠的时间基本都在 6 个小时以内。

脆弱、情绪化、失控、道德沦丧……

大脑可以从外到内分成三部分，负责理性决策和行为控制的皮层、负责情绪反应的边缘系统，以及维持基本生命活动的脑干。脑干不管什么时候都在干活，边缘系统即使没有休息好，也可以基本按照生物钟的安排保障后续工作，皮层是受到睡眠剥夺影响最大的一部分，如果皮层累了它就会罢工。

人的自我意识与皮层，尤其是前额叶皮层的活跃有关，皮层罢工了就等于失去了自我，动物的本能会接管一切，不管兴奋还是绝望都是没有理性的。

司法人员早已掌握了其中的精髓，对犯罪嫌疑人的突击审讯基本上都发生在午夜至早晨 8 点之间。这个时间里的犯人烦躁易怒更容易露出破绽。在 2009 年以前，睡眠剥夺一直被关塔那摩的美国军方视为最“人道主义”的审讯方式。然而这种审讯未必可靠，在大学生中的研究显示，在剥夺了一夜睡眠之后，“屈打成招”的概率提高了一倍以上。[①]

---

① Frenda, S. J., Berkowitz, S. R., Loftus, E. F., & Fenn, K. M.(2016). Sleep deprivation and false confessions. *Proceedings of the National Academy of Sciences*, 201521518.

睡眠不足的人情商也会变低。研究发现，通宵之后的大脑已经无法区别他人的一个表情究竟是友善的还是威胁的。全基因组的研究发现，和睡眠节律相关的 CLOCK 基因上的一个位点突变与人的亲和力、共情能力有关，睡眠更少的人对他人表现出了更多的冷漠和敌视。①

睡眠严重不足的时候，人们会出现一些精神病人才会有的症状。缺乏睡眠的情况下，人体分泌的激素和神经递质都会出现紊乱，即使是专业的精神科医师也很难分辨一个人是睡眠缺少还是出现了真正的精神问题。一位在 ICU 病房值了 6 周夜班的医生在事后回忆："我记得当时在护理站有个南瓜，我产生了幻觉，觉得那个南瓜在和我说话。这是我生命中唯一一次产生幻觉。"

想试试长期熬夜？你可能需要想清楚

当然，在长期睡眠不足的情况下，以上那些都还不是最重要的。睡眠不足对健康的影响，主要在于对内分泌系统的干扰。每年都有新闻报道，某四大会计师事务所员工 / 互联网精英 / 博士学霸因为睡眠不足而猝死，

---

① Van Der Helm, E., Gujar, N., & Walker, M. P.(2010). Sleep deprivation impairs the accurate recognition of human emotions. *Sleep*, 33(3), 335–342.

这是为何？

当我们快要睡着的时候，对外界环境变化的觉察会降低，反应速度和准确性都会显著地下降。上课时睡过觉的人都有这样的经验，醒来之后总会发现自己有一段笔记像画符一样，怎么都分辨不清楚。

人体中存在着一个让我们时刻保持警觉的系统，下丘脑 - 垂体 - 肾上腺（HPA）轴。如果遇到突发状况，这套系统会迅速反应，通过肾上腺分泌肾上腺素和皮质醇，大大提高人体的战斗力。我们的祖先曾经使用这套系统成功地从狮子和老虎嘴下逃生。

正常情况下，到了夜间，SCN 意识到你该睡觉了，会抑制皮质醇的分泌，促使松果体分泌褪黑素，降低人体的警觉度及反应能力，降低中心体温。如果你过了很长时间还不去睡觉，你的身体会默认你遇到了紧急情况，以肾上腺素、皮质醇为代表的压力激素会不降反升，交感神经更加兴奋，帮助你进入赛亚人状态。很多人会觉得自己晚上熬夜的时候效率特别高，和皮质醇的帮助有一定的关系。

不过这也是需要付出代价的，长时间的皮质醇暴露会使身体承受巨大的负担。代谢加快会增强局部的炎性反应（上火，长痘）；肝脏不断地把血糖变成脂肪，然后提醒你继续吃东西（变胖）；胃酸分泌增多，你的消化系统功能改进了，时间长了可能把自己都给消化了（胃溃疡）；血压也会随之增高，心跳不规律。与每天睡 8 个小时的人相比，每天睡眠时间低于 5 小时可导致患心脏病概率增加 40%。对了，大脑海马体在皮质醇里面泡的时间长了，可能会出现神经元萎缩，不但会造成永久的记忆力损伤，还会提高患抑郁症的风险。

李开复老师在身体出现问题之前，曾有过“以时间换取才华”的高论，患病之后，终于意识到了人不能太拼命，每天不管多忙，十点半都要准时上床睡觉。

但患病的毕竟是少数，多数人在身体没有出现严重问题之前，即使认知到熬夜的危害，也会选择不相信，或者欺骗自己说，这事儿和我没关系。

太阳照常会升起

心理学上有一个著名的认知失调理论：如果一个人经常做一件事情，并且清楚地知道这件事情的危害，大多数人并不会降低做事情的频率，而是会合理化自己的行为，选择性地忽视掉这件事的危害。

所以很多人会心安理得地认为，我只是晚睡，并不是少睡，缺乏睡眠的危害不会降临在自己的身上。从理论上讲，2:00 ~ 10:00 的睡眠和 23:00 ~ 7:00 的睡眠并不存在孰优孰劣。但一个人很难安安稳稳地睡到 10 点，这种理想情况，忽略了现实中存在的一个大问题，太阳每天都会照常升起。

控制我们生物钟的核团与视神经相连，相当于装上了一个光敏的开关。正常的生理节律总是和本地的光照时间同步，生活在乌鲁木齐的人普遍比北京的朝阳区群众晚睡 2 个小时，并不是说乌鲁木齐的夜生活就比北京三里屯更丰富，而是那里的太阳升起得更晚。

随着光照的增加，SCN 开始慢慢地唤醒身体，升高体温，增加皮质醇的分泌，在醒来前的 1 ~ 2 小时里，血清中皮质醇的浓度会提升到正常的日间水平，这个过程叫作皮质醇觉醒。在身体已经完全为一天做好准备之后，你缓缓睁开眼，清清爽爽地醒过来，这就是人人都羡慕的自然醒。皮质醇觉醒之后，你的身体已经很诚实地开始上班了，如果这时你还在自欺欺人地睡觉，会变得多梦、容易惊醒，睡眠效率将会大打折扣。所以，除非你所在的时区太阳在 9 点以后还没升起来，否则不要欺骗自己睡到 10 点也挺好。

也有聪明的人选择了耳塞和眼罩，它们可以欺骗过生物钟，让你睡个安稳觉。但醒来的过程会让你非常痛苦。

由于缺乏光线变化的刺激，身体并没有为觉醒做足准备，睁眼的一刹那会有一种恍若来世的感觉。你可以回忆一下，是不是每逢阴雨天，或者冬天天亮得特别晚，醒来之后都会觉得没睡够，想在床上多待一会儿。实在没印象的可以去尝试睡一次两个半小时的午觉，然后体验一下整个下午都头疼欲裂的感觉。

不过，据说现在市场上已经有一些可以帮助你自然清醒的智能眼罩，可以模拟觉醒前的光照变化，这对晚睡群体来说应该是一个巨大的福音。

话说回来，即使太阳同意让你睡到 10 点，你的老板会同意吗?

给你一个熬夜的借口

当然，并不是说，人就要像电脑程序一样严格地按照生物钟作息。什么时候睡，并不完全由生物钟说了算，人体还有一套叫作睡眠内稳态的调控机制，这个机制运行起来很复杂，不过解释起来很容易：它会根据人体对睡眠的需求程度，来决定一个人是否会犯困。

上中学的时候，每周三早上起床都困难无比，感觉抬眼皮都费劲，因为周二晚上是极其耗费脑力的三堂数学晚自习连排，回到宿舍后连脸都不想洗，爬上床就能打鼾。

本科的时候，学院里有短期的外国学生过来交流的项目，我们一群中国学生负责接待。前两天白天在学校上课，晚上酒吧什刹海各种嗨，第三天一大早到长城转了一圈，回来还不到下午5点，吃了晚饭一头扎进公寓就怎么都叫不出来了。

睡眠内稳态的存在，使得我们不必刻板地按照生物钟准时作息，累了的时候多睡一会儿，兴奋的时候少睡一会儿，只要时间差别不大，身体都可以自动地调节。

如果把人比作手机，睡眠驱力（图中蓝线）就是手机的电量。电量的变化不仅和人们白天从事的活动有关，在不同人中还存在个体差异。有的人超长待机，到了晚上也不会犯困，出现睡眠时间的后移；还有一部分人，白天放电特别快，一到晚上就困得不行，会早早睡觉。人们习惯将前者称为“夜猫子”，将后者叫作“百灵鸟”。这两类人在睡眠的总量上实际是差不多的。有研究者提出，这种睡眠模式的差异可以帮助原始人类确定，由谁来在晚上守卫大家的安全。

60%以上的人都介于二者之间，表现出正常的睡眠时间，剩下不到40%的人属于“夜猫子”和“百灵鸟”

的大概各占一半。[①] 根据德国研究者的统计 [②]，如果每天睡眠时间的中点落在 2:26 ~ 3:34 之间，那么就可以算作是百灵鸟，如果睡眠时间中点在 4:55 ~ 7:34 之间，则是不折不扣的夜猫子。

这种分类存在一定的遗传基础，英国的研究者发现，编码一种人体周期节律蛋白的基因 PER3 和是否晚睡有关。[③]PER3 的一个变异使得编码出来的蛋白质长短不一，蛋白较短的人更容易成为夜猫子。在剥夺睡眠之后，夜猫子基因型的人更不容易反应迟钝，被允许休息时进入深度睡眠也要更慢，这说明他们的电量比较耐用，但充电则要稍慢一点。除了 PER3 以外，PER1、PER2，以及 CLOCK 基因上的一些突变，都与睡眠时型存在一定的

---

① Adan, A., Archer, S. N., Hidalgo, M. P., Di Milia, L., Natale, V., & Randler, C.(2012). Circadian typology: A comprehensive review. *Chronobiology International*, 29(9), 1153–1175.

② Vetter, C., Fischer, D., Matera, J. L., & Roenneberg, T.(2015). Aligning work and circadian time in shift workers improves sleep and reduces circadian disruption. *Current Biology*, 25(7), 907–911.

③ Viola, A. U., Archer, S. N., James, L. M., Groeger, J. A., Lo, J. C., Skene, D. J., …& Dijk, D. J.(2007). PER3 polymorphism predicts sleep structure and waking performance. *Current Biology*, 17(7), 613–618.

关系。

夜猫子是互联网社会的弄潮儿。由于他们和工业社会的工作时间始终存在着一定的时差，他们更多地面临睡眠不足的风险。互联网的出现，把这些人从朝九晚五的生活中解救了出来，他们能够更加灵活地安排自己的工作时间，保证睡眠。和性格保守、顺从、现实主义的百灵鸟相比，晚睡的人往往想象力丰富，颠覆传统，寻求创新。

夜猫子具有更强的创新能力，也更容易取得好成绩。智能设备商 Jawbone 在美国 18000 多名大学生的调查中发现，学生睡眠时间越晚的学校，在全美的排名越靠前。排名较高的斯坦福、卡内基梅隆、哥伦比亚、宾夕法尼亚的高材生们，平均都要凌晨 1 点以后才睡觉。

2014 年的搞笑诺贝尔奖研究了夜猫子们的人格特征，发现他们更加“黑化”，更有可能具有“暗黑三合一”人格特质。暗黑三合一人格包含了自恋、马基雅维利主义和亚临床精神病态。虽然听着不是什么好事，但这可是成功 CEO 的标配，乔布斯就是暗黑人格的集大成者之一。

虽然夜猫子更能适应夜晚的生活，但是他们生物钟的节律并没有发生变化，也就是说，晚睡的很多危害对他们依然是存在的。[①] 如果你恰好属于一个具有熬夜天赋的夜猫子，不熬夜感觉浪费了自己的天赋，在熬夜的同时也需要注意保护好自己的身体。

如何熬夜能让自己活得久一点?

1. 保证充足的睡眠

熬夜大师的标准，就是熬夜的同时不降低睡眠的品质，保持充足的睡眠时间。如何判断你的睡眠是否充足呢?这并不是什么深奥的科学问题，只需要回答几个简单的问题:

- 是否每天早上闹钟至少响两遍才能叫醒你?
- 是否有人曾经说过你看起来很疲倦/面色不好?
- 是否经常会突然感到很累/很困/心情很低落?
- 是否经常在做了不该做的事/说了不该说的话

① 宋晶晶，郑涌.（2014）. 日周期类型与心理健康.《心理科学进展》，9，009.

之后，马上感到后悔？

· 是否每个周末都只想躺在床上睡觉，什么都不想干？

如果上面有问题回答了是（发生在女性经期内的可以忽略不计），而你又恰恰是一个经常熬夜或者作息不规律的人，就需要小心，睡眠不足可能已经开始影响到你的生活了。这个时候，请减少熬夜的频率，让你的身体获得更多的休息。

2. 熬夜只是权宜之计，不要让它成为习惯

很多人认为夜猫子型的人更适合晚睡，这种说法并不准确，他们只是更能够承受晚睡，但是最佳的睡眠时间仍然和大多数人无异。能正常睡眠的时候千万不要熬夜。如果你已经习惯了在生物钟休息时还保持亢奋的话，相当于每一天都在倒时差。

每天熬夜之前先想清楚，只是看剧聊天刷微博是否值得你付出生命的代价。

3. 不要熬整夜

前半夜的时候生物钟在休息，后半夜的时候是在逐

渐恢复，为第二天的清醒做准备。二者的分界线往往有一个固定的时间点（因为每个人睡眠的时间并不一样，所以很难确定地说这个时间点在哪儿）。就我个人而言，如果超过了凌晨三点半，会突然感到神清气爽，疲惫都消失了，再躺到床上时，也很难入睡，这时你的生物钟已经在准备苏醒。对健康人来讲，如果没熬过这个分界线，熬夜消耗的精力可以在一天以内通过人体的调整补充回来。如果超过了这个分界线，干扰到生物钟苏醒的进程，熬夜的影响可能至少要持续两天。

在熬夜之前请先评估一下大概需要熬多久，超过4个小时还完不成的任务，不如留到第二天再做吧。

4. 多喝热水，注意保暖

夜间人的核心体温会降低，如果久坐，手脚的温度会下降得很快，熬夜之前准备一个能把你完全包裹起来的小毯子和外套。别忘了再烧上一壶开水，让你在熬夜的时候随时都能喝到热水。

5. 让身体适应黑暗

熬完夜你是要睡觉的，所以请让身体尽快适应黑暗的环境，关掉大灯、台灯，尽量使用昏暗的小夜灯。电脑屏幕和手机屏幕的亮度都尽量调低，使用黑暗系的背景色。这可以帮助你在完成工作后迅速地入眠。

最后，学会计算自己的生命值。每次熬到困得不行的时候，都是一个坎儿。过了这个坎儿，皮质醇会大量分泌，刺激大脑觉醒，同时伴随着心跳加速、兴奋、灵感涌现。这个时候，请在心里为自己默哀，“我离死神又进了一步”。

祝你幸福。

窦泽南

北京师范大学心理学硕士。各色DNA（北京各色科技有限公司）主笔，从事基因检测结果解读、科普文章撰写以及基因与行为表现的关联研究。

熬夜大师早睡记

作者 | 赵思家

好好的一名熬夜“老司机”，怎么说早睡就早睡了。

“一般你几点睡？”与我工作过一段时间后，大多数人都会问我这个问题。这真是颇为复杂。大多数情况我三四点就睡了，如果工作上有 deadline，连续几天早上六七点睡，或者隔一天睡一次都是正常的。如果是连续两天没睡，第三天下午 6 点就会早早入睡，开始近 12 个小时的补觉。正因为如此，我早早荣获了“熬夜老司机”这一光荣称号。

从某个角度来讲，我的睡眠还挺规律的：只不过是有半天活在伦敦时间，另外半天跟着北京时间罢了。导师们发现我的这种睡眠结构后，痛心疾首，而我则用一种“你们这届凡人不行”的表情回复他们。（危险动作，请勿模仿。）

说起来讽刺，作为从本科起就主学神经科学的我，当然了解熬夜的坏处：虽然我们尚未完全了解睡眠的作用，但睡眠至少在中枢神经系统（大脑 + 小脑 + 脊髓）的修复、记忆巩固和情绪调节上有重要作用。可那又怎样？熬夜无非就是打断神经修复，但总不会偶尔熬个夜我的中枢神经系统就千疮百孔吧。我也知道睡眠会影响记忆。可那又怎样，反正我一直记忆力都很差。情绪多变，这已经成了我的风格了。而且要是不把工作做完，我心情会更糟。

现在因工作而猝死的新闻听起来吓人，虽和熬夜脱不了关系，但我总觉着自己身体这么好，肯定离这种情况很远呢。然而在一个熬夜后的早晨，我晕倒在地铁里之后，我想，如果仍要继续熬夜，我至少应该知道熬夜究竟能对我产生多大影响。

熬夜如何影响了我们的身体？

大量数据显示，睡眠时间减少，首当其冲影响的就是免疫系统。譬如说，连续 24.5 小时不睡觉，健康成年人的血压会明显升高。

现在跨时区长途飞行或是跨时区工作早已司空见惯，

倒时差、加班到大半夜、跨半球线上会议也很常见。以前觉得北京和纽约的时差有种残忍的诗意：你的正午恰是我的深夜，你的夕阳为我的日出，我们永远相差着 12 个小时。然而来到伦敦之后，我发现伦敦和北京之间的时差才是残忍得让人嗷嗷直叫。伦敦早晨上班时，北京快接近下班；北京上班时，伦敦还在沉睡。因为需要时不时地和国内的编辑沟通，本来就容易失眠的我，更有借口不断地推延睡眠时间了。

那熬夜之后我补回一样的睡眠长度不就行了？“晚睡晚起”不也和“早睡早起”一样吗？事实证明，二者是有很大区别的。

在电子游戏风靡的韩国，研究人员也对“熬夜对身体的影响”特别感兴趣。2015 年，韩国研究人员就发现，“晚睡晚起”的人更有可能患肌肉萎缩症、糖尿病以及和新陈代谢相关的疾病。这一点儿都不令人惊讶。我们早就知道，在患上心血管疾病、糖尿病等方面，坐夜班的人会比白天工作的人有着更高的风险，这可能是因为白天的光线会打乱人体生物钟，使得睡眠质量下降。

最让我心往下沉的是，熬夜还会对大脑进行种种魔法暴击。

1. 注意力

注意力所受的影响最容易被我们自己察觉。譬如说，熬夜之后，会发现自己在同一时间做两件或以上的工作（如一边上课，一边做笔记）变得更加困难（分散性注意力，divided attention）；将注意力放在一件连续的工作上维持的时间变短，如一直听一段讲话（持续性注意力，sustained attention）；或是很难将注意力选择性地集中在一件活动上，且不受其他无关事情的干扰，如工作时不受旁人走动的影响（选择性注意力，selective attention）。除此之外，听觉注意力、视觉空间注意力都会变弱……

总而言之，如果注意力是麦子，熬夜就是个注意力收割机。熬夜之后绝对不能开车，也不要去做需要集中注意力的危险工作。

2. 记忆

睡眠对于记忆巩固的重要性已经广为人知。最新研究进一步发现，熬夜 5 小时，会导致负责记忆的大脑区域海马区失去一些神经细胞之间的连接。

熬夜会直接影响负责记忆的海马区中的神经细胞的产生。在学术上，被称为“海马神经发生”（hippocampal

neurogenesis）的活动被认为和记忆有重要联系。之所以会有“一孕傻三年”这个说法，其中一个可能性就是因为睡眠质量的下降导致海马区神经发生减弱，进而导致健忘。

3. 学习

睡眠不足、在课堂上打瞌睡的学生真的在学习吗？令人惊讶的是，如认知心理学家威灵厄姆（Daniel Willingham）在《美国教育家》专栏中提到的，虽然睡眠不足会对学习效率有负面影响，但并没有想象中的那么大。然而，这类结论往往有很多局限，比如在研究睡眠对学生的影响时，我们无法强迫青少年志愿者去熬夜，所以只能通过将“自己说自己睡得很好的”和“自己说自己睡眠不足的”学生分成两组来比较他们之间的学术成绩。问题还在于，睡眠不足可能和影响学习成绩的其他因素有关，例如，家庭经济条件较差会导致居住环境较差，进而影响睡眠质量。2015 年也有大型脑成像研究发现，家庭经济条件和大脑发育情况有关联[①]。

---

① 详情请参考《大脑使用指南》中的“贫穷，可能会影响孩子的大脑发育”章节。

4. 思维方式

上面讲的似乎都是“长期熬夜”所带来的影响。那我就熬一晚上，会对第二天有什么影响呢？加拿大神经科学家发现，熬夜会影响第二天的发散思维。用脑成像（功能性核磁共振）进而发现，在做发散思维任务时，相比于没有熬夜，熬夜之后，左侧前额下回（这个大脑区域大致位于左边太阳穴位置）会变得更活跃，进而抑制发散性思维的产生。

5. 决策

一系列的脑成像研究证明了，熬夜会影响我们的判断。新加坡国立大学的一个神经科学团队在 2011 年发现，一晚没睡后，在做复杂的赌博任务时，志愿者将他们的赌博策略从“避免输钱”变成“下更大的赌注来取得更多的收入”。与此同时，脑成像中也发现，熬夜之后，与奖励估值（就是“评估一个奖励是否值得我付出”）和产生“悔意”相关的大脑区域变得更加活跃。

非常有趣的是，这种策略的转变并没有和“警觉性”相关。这也就是说，喝咖啡可能能够让打瞌睡的人变得更警觉，但并不会帮助其提高决策能力。这也给我自己提了个醒：虽然我常安慰自己，喝个咖啡就好了，但咖啡的效果可能只是让我自己感觉自己很清醒罢了。

6. 情绪

熬夜之后，第二天的心情更加容易变得烦躁。一次我在熬夜之后帮导师进行了一次面试，事后想想觉得自己当天简直就是恶魔。我一直以为这仅仅是因为我很累，但研究发现，这可能是熬夜直接导致的情绪波动。

7. 熬夜与心理疾病

虽然情绪和行为失调非常复杂，直到现在我们也并未完全理解，但早在 1995 年，日本研究了 148 名在东京工作的银行家们的睡眠习惯发现，晚睡的人更多患有心理压力造成的疾病。现在越来越多的研究发现，熬夜和很多与情绪相关的心理疾病有明显关联，如精神分裂症、焦虑、成瘾。

……

一名熬夜“老司机”做出的决定

我觉得我已经不用再查下去了。

我老是觉得，自己还很年轻，更应该抓紧时间为了更好的机会燃烧自己。但时间真的需要通过熬夜来抓紧吗？“老是要熬夜”这个行为，是不是和中学时，每天中午回寝室午休也非要带那本习题本回去，给自己一种“我在努力学习”的错觉一样？

熬夜，百害而无一利。最终，连我这个熬夜顽固分子，都找不到任何理由反驳自己。

在伦敦和巴黎，我们的科研风气是这样的：9 点上班、6 点下班。要求下属加班，甚至周末加班什么的，往严重了说，那就是政治不正确（可能有些行业如银行业、咨询业会有所不同）。一直以来，我很不喜欢这样的工作习惯，总觉得现在知识这么多，竞争压力这么大，若非百年不见的天才，不利用每一分钟去吸取知识、工作学习，怎么可能成为顶尖的科学家？所以每次我一人加班到深夜，看着空无一人的办公室，都有种莫名的自豪感。

近一个月前，我到日本进行学术访问，加班到深夜，不再是个异类，而是常态。有天晚上，我坐在回家的东京电车上，凌晨零点，车厢里虽然不挤，但一座难寻。乘客大都一脸疲惫地抱着自己的包打着瞌睡。更有甚者——一位在我旁边的欧吉桑，蜷着腿躺在地上睡觉。那姿势和装备，一看就是个“老司机”。

身处茫茫加班大军之中，那种“我加班，所以我比你们这些凡人更努力”的错觉消失了。静静扫视着身边疲惫的乘客，我突然非常不想再当和他们一样的人——一群对“因为加班熬夜，所以我将来会成功”这样的错觉上瘾的瘾君子。

虽然要承认的是，因为赶这篇稿子，我今天过了 12 点还没睡。但在此之前，我已经连续两周多没有熬夜了。以前我经常看着早晨 6 点的阳光升起，那是我一夜未睡。虽然灿烂，但我不禁觉得它刺眼。

现在，我也时常看到早晨 6 点的阳光，那是我自然醒来。虽然刺眼，但我却忍不住想望向它。

参考文献

[1] Imeri L, Opp MR: How (and why) the immune system makes us sleep. *Nat Rev Neurosci 2009*, 10(3):199-210.

[2] Robillard R, Lanfranchi PA, Prince F, Filipini D, Carrier J: Sleep deprivation increases blood pressure in healthy normotensive elderly and attenuates the blood pressure response to orthostatic challenge. *Sleep* 2011, 34(3):335-339.

[3] Study Shows Health Risks of Staying Up Late

[WWW Document], n.d.. *Sleep Review*. URL http://www.sleepreviewmag.com/2015/04/study-shows-health-risks-staying-up-late/(accessed 9.30.16).

[4] Cairney, S.A., Durrant, S.J., Jackson, R., Lewis, P.A., 2014. Sleep spindles provide indirect support to the consolidation of emotional encoding contexts. *Neuropsychologia* 63, 285-292. doi:10.1016/j.neuropsychologia.2014.09.016

[5] Havekes, R., Park, A.J., Tudor, J.C., Luczak, V.G., Hansen, R.T., Ferri, S.L., Bruinenberg, V.M., Poplawski, S.G., Day, J.P., Aton, S.J., Radwa ń ska, K., Meerlo, P., Houslay, M.D., Baillie, G.S., Abel, T., 2016. Sleep deprivation causes memory deficits by negatively impacting neuronal connectivity in hippocampal area CA1. *eLife* 5, e13424. doi:10.7554/eLife.13424

[6] Mirescu C, Peters JD, Noiman L, Gould E: Sleep deprivation inhibits adult neurogenesis in the hippocampus by elevating glucocorticoids. *Proc Natl Acad Sci USA* 2006, 103(50):19170-19175.

[7] Willingham, D.T., 2013. Are Sleepy Students

Learning? *American Educator* 36, 35-39.

[8] Vartanian, O., Bouak, F., Caldwell, J.L., Cheung, B., Cupchik, G., Jobidon, M.-E., Lam, Q., Nakashima, A., Paul, M., Peng, H., Silvia, P.J., Smith, I., 2014. The effects of a single night of sleep deprivation on fluency and prefrontal cortex function during divergent thinking. *Front. Hum. Neurosci*. 8, 214. doi:10.3389/fnhum.2014.00214

[9] Venkatraman, V., Huettel, S.A., Chuah, L.Y.M., Payne, J.W., Chee, M.W.L., 2011. Sleep Deprivation Biases the Neural Mechanisms Underlying Economic Preferences. *J. Neurosci*.31, 3712-3718. doi:10.1523/JNEUROSCI.4407-10.2011

[10] Simon, E.B., Oren, N., Sharon, H., Kirschner, A., Goldway, N., Okon-Singer, H., Tauman, R., Deweese, M.M., Keil, A., Hendler, T., 2015. Losing Neutrality: The Neural Basis of Impaired Emotional Control without Sleep. *J. Neurosci*.35, 13194-13205. doi:10.1523/JNEUROSCI.1314-15.2015

[11] Motohashi, Y., Takano, T., 1995. Sleep habits and psychosomatic health complaints of bank workers

in a megacity in Japan. *Journal of Biosocial Science* 27, 467–472. doi:10.1017/S0021932000023075

[12] Silva JA, Costa E: Sleep disorders in psychiatry. *Metabolism* 2006, 55(10 Suppl 2):S40–S44.

[13] Kyung Lee E, Douglass AB: Sleep in psychiatric disorders: where are we now? *Can J Psychiatry* 2010, 55(7):403–412.

赵思家

伦敦大学学院神经科学博士在读，计算机科学硕士。知乎神经科学话题优秀答题者，科普作家。

夜猫子们不要自责了，睡得晚不是我们的错

作者 | Lain

或早或晚的睡眠类型是与生俱来的，并不像人们普遍认为的那样可以单纯地凭意志力来调节。

我下了一个决定，准备对抗社会时间。

我发现自己患有“睡眠相位后移综合征”（DSPS）。按照《国际睡眠障碍分类手册》的描述，此病症状大致如下：

1. 患者在常规的睡眠时间难以入睡；
2. 患者在常规的上班或上学时间难以起床；
3. 如果按照自己的时间表，患者通常能够拥有正常的睡眠质量和睡眠长度，但整个睡眠阶

段相对于常规睡眠时间有着稳定的延迟。

据我观察，身边许多人都与我患有同样的病，不同文化下的社会对于这种病的患者还有一个更广为人知的称谓，叫作“夜猫子”（night owl）。

早起的鸟儿有虫吃，那就让它们吃去吧！

如果每天的时间可以由自己做主，我会在上午九点自然醒来，凌晨两三点进入梦乡。然而在漫长的人生中，想要保持这样一种睡眠模式，一定会困难重重。无论是上学还是上班，都不可避免地与这样的作息时间产生冲突。除此之外，社会上对于我这样的“夜猫子”还颇多微词。“早起的鸟儿有虫吃！”——生活中，早睡早起的人们总是拥有一种莫名其妙的优越感，似乎他们是那种拥有强大意志力的优秀人类，能够为符合社会规范而随意调整作息。相反，晚睡晚起的“夜猫子”们则被更多地与懒惰、放纵等性格缺陷联系在一起。可“早起鸟”真的比“夜猫子”更优秀吗？如果意志力足够强大，我真的也能养成早睡早起的习惯，不做“夜猫子”吗？

在我读博的研究所里，有一位名叫蒂尔·罗内伯格（Till Roenneberg）的时间生物学教授。2012 年，蒂尔教授出版了一本畅销读物——《身体内的时间：睡眠类型、社会性时差以及你为什么很累》（*Internal Time: Chronotypes, Social Jet Lag, and Why You're So Tired*）。我和他的博士生 M 是好朋友，在一次以“Lain 你看起来很累”为开场白的聊天中，他向我推荐了这本书。“我觉得每一个夜猫子都应该看一看。”他说。

我的种种疑惑在书中得到了解答。对于为何有些人是“早起鸟”而有些人是“夜猫子”的问题，书中解释道：事实上，我们每个人都拥有自己独特的睡眠类型，它由你身体内部固有的生物钟所控制。你的睡眠类型可以用休息日的“睡眠中点时间”来表示。拿我来说吧，在休息日我通常凌晨 2 点上床睡觉，早上 9 点起床，那么我的睡眠中点时间就是：凌晨 2 点加上睡眠总长度的一半（2+0.5*7），得出的睡眠中点时间即为凌晨 5 点 30。根据蒂尔教授的调查，欧洲中部有超过 60% 人口的睡眠中点时间落在了凌晨 3 点 30 ~ 5 点 30 之间。这意味着，大部分人的睡眠类型相较于社会常规时间来说都偏晚。蒂尔教授掷地有声地说，这种或早或晚的睡眠类型是与生俱来的，并不像人们普遍认为的那样可以单纯地凭意志力来调节。“早起鸟”和“夜猫子”的分类在生物学意义上，“就像苹果和橘子一样”，并无优劣之分。

那种“早睡早起是美德”的思想，其实来源于久远的农业社会和早期工业社会，早起型的睡眠模式在当时的确占有不少社会优势。虽然在现代社会中，随着生产方式和社会结构的变革，早起的优势已逐渐消失，但这种陈旧的道德观残留下来，至今仍主导着人们对于“早起鸟”和“夜猫子”的看法。

正是在这本书中，我头一次认识到，作为一名夜猫子并没有什么好自责的——那不过就是一种如头发粗细一般因人而异的生物特征而已。与社会偏见相比，这本书中所关注的重点，即身体内部的生物钟与社会规范时间之间的差异，对于夜猫子来说才是更为严重的问题——由它所导致的社会性时差（social jet lag）综合征，折磨着像我一样习惯于晚睡晚起的人们。

社会性时差：你为什么看起来很累？

在我们生活的这个世界里，除了由宇宙天体周期运动所决定的物理时钟和人们身体内部由基因决定的生物时钟以外，还存在着由工作和社交活动所决定的“社会性时钟”，比如朝九晚五的上下班时间和轮班制工作时间。蒂尔教授的研究发现，如果人们体内的生物钟无法与“社会性时钟”保持同步，就会导致身体处于一种长期的疲惫状态，类似于远距离飞行引起的时差症状。蒂尔教授称它为“社会性时差”，并用休息日和工作日的睡眠中点时间之差来估算它的大小。（例如，我在休息日的睡眠中点时间为 5 点 30 分，而在工作日的睡眠中点时间为 2 点 30 分，那么我的社会性时差就是 3 个小时。）在欧洲中部的调查结果显示，87% 的人口存在着不同程度的社会性时差，其中有超过 40% 的人口承受着 2 个小时以上的社会性时差。在全球的其他工业化地区，包括中国，情况也大概如此。

这种社会性时差迫使我们每天持续不断地违背自己体内的生物钟来满足社会时间的要求。除了让你每天都感觉很累以外，它还会损害你的健康，增加身体罹患癌症、肥胖症及糖尿病等慢性疾病的风险，并让你更容易产生抑郁。为了对抗社会性时差所带来的疲惫感和压力，你还可能形成抽烟、摄入大量咖啡和酒精等长期的不良习惯。

受到社会性时差影响最大的人群，无疑是像我一样的夜猫子，这主要是因为，我们的社会至今仍沿用着源于工业革命时期的朝九晚五工作日制度。虽然这种旧制度已然不再适用于全球经济一体化的互联网时代，但在很长一段时间内，它依然会作为主要的工作时间制度继续存在。这种情况下，夜猫子们该怎么办呢？

如何对抗社会性时差?

我们很难凭一己之力去改变整个社会的运作方式，然而在安排自身生活方面，我们所拥有的能力要远远超出我们的认识。寻找对抗社会性时差的办法的努力，正是建立在这样的信念之上。

对抗社会性时差的方式只有两种:

一种方式是直接对抗社会时间，即告别朝九晚五的工作制度，按照自己的生物钟来安排工作与生活。如果你是尚未就业的学生，在进行职业规划时，你可以重点考虑那些时间较为自由，能够在家或移动办公的职业；如果你是在职人士，不妨鼓起勇气与你的上司讨论一下调整工作时间的可能性。或者你也可以像我一样，决定做一名自由职业者。在互联网时代，做自由职业者并没有想象中那么难——全球化的网络催生了大批新的经济模式和工作机会，新的通信技术令许多工作都可以通过远程协作、视频和电话会议来完成；越来越多如 Elance 一样的外包网站和逐年增长的自由职业者比例也说明了这一点。

如果你必须接受朝九晚五的工作，那么你可以采取对抗社会性时差的第二种方式，即减轻社会性时差，缓解适应社会时间的痛苦。在这方面，我尝试过的最简单的办法就是：多晒太阳。你可以在工作日的早晨，一起床就到阳台上去沐浴晨光；有可能的话，选择走路或骑自行车上班，尽量不搭地铁或公交；在白天上班休息的空档，多去室外活动。这些办法所依据的原理是：太阳光线能够通过眼睛中特殊的光感受器作用于人体的生物钟中枢SCN（视交叉上核），而受到激活的SCN可以将你体内延迟的生物时间向前调节，缩小它与社会时间之间的差别，从而达到减轻社会性时差的效果。除了白天多晒太阳以外，有些科技产品也可以帮助我们缓解早起所带来的痛苦。有一年冬天为了按时早起，我买过一盏飞利浦牌的"叫醒灯"，它可以在闹钟响起前半小时开始模拟自然日出光线的变化过程，代替太阳公公叫你起床。虽然价格略贵，但它的确让我享受到了难得的幸福起床时刻。

促进夜晚的按时入睡是减轻社会性时差的另一个办法。在晚间使用手机、电脑、iPad等电子设备的习惯会加重社会性时差，因为屏幕所发射出的蓝光会激活你的SCN，抑制褪黑素的分泌，令你更难入眠。因此在睡前半小时，我会尽量控制自己不用电脑、不玩手机，但说实话真的很难做到。一款名叫f.lux的软件成了我的救星，它能根据用户在一天中的使用时间来调节屏幕显示器的颜色，在夜晚减少屏幕所发出的蓝光。虽然屏幕颜色会变得怪怪的，但与长远的健康比起来，这点就算不上什么了。对于那些需要在晚上面对屏幕工作的夜猫子们来说，琥珀色镜片的防蓝光眼镜有着同样的功效。

其实只要用心留意，我们就能发现许多新的方法和产品，借助于它们，你可以为自己设计出一整套对抗社会性时差的生活方式。毕竟，在改进自身生活方式这方面，我们从来都不缺相应的知识，我们缺的只是对抗惯性的行动。

Lain

认知神经心理学博士，被“自由”束缚的自由职业者，拥有的技能包括科技翻译、撰稿以及心理学相关咨询，正在发展的新技能有短篇小说、油画、插画创作。

执行策划：

荣　妍（熬夜大师修炼手册）

傅丰元（数字成瘾报告）

Lobby （被误解的内向者）

不知知（虚拟偶像）

微信公众号：离线（theoffline）

微博：@ 离线 offline

知乎：离线

网站：the-offline.com

联系我们：AI@the-offline.com

逃离青年危机：

当代焦虑生活诊疗手册

胡　南　主编

数字成瘾报告

電子工業出版社
Publishing House of Electronics Industry
北京 • BEIJING

图书在版编目（CIP）数据

逃离青年危机：当代焦虑生活诊疗手册. 数字成瘾报告 / 胡南主编. -- 北京：电子工业出版社，2021.4
ISBN 978-7-121-40195-4

Ⅰ. ①逃… Ⅱ. ①胡… Ⅲ. ①焦虑 – 心理调节 – 青年读物 Ⅳ. ①B842.6–49

中国版本图书馆CIP数据核字（2021）第007224号

责任编辑：杨雅琳
印　　刷：河北迅捷佳彩印刷有限公司
装　　订：河北迅捷佳彩印刷有限公司
出版发行：电子工业出版社
　　　　　北京市海淀区万寿路173信箱　邮编 100036
开　　本：720×1000　1/32　印张：7.75　　字数：150千字
版　　次：2021年4月第1版
印　　次：2021年4月第1次印刷
定　　价：98.00元（全四册）

凡所购买电子工业出版社图书有缺损问题，请向购买书店调换。若书店售缺，请与本社发行部联系，联系及邮购电话：（010）88254888，88258888。

质量投诉请发邮件至zlts@phei.com.cn，盗版侵权举报请发邮件至dbqq@phei.com.cn。

本书咨询联系方式：（010）88254210，influence@phei.com.cn，微信号：yingxianglibook。

数字成瘾报告

数字成瘾

我们以“上瘾”的话题，向四位国内的作者约稿。结合四人返回的文章和观点，可先与你透露《数字成瘾诊断报告》的最终诊疗结果：大体上，我们都没病。

四篇文章里，《从上瘾到治愈：数字成瘾诊断报告》从成瘾的机制谈到了赌博机器的成瘾设计再到人机关系。作者认为，人与机器的关系的升级，背后仍是人与人之间关系的变化。他说：“也许我们看到的‘成瘾’，并不是病症，而是治疗过程。”而另外一篇关于《恐怖谷》科幻短片的影评，则把思考提升到虚拟和现实的对等性上，一旦现实和虚拟毫无差别，谈论“上瘾”是否还有意义？《火箭跳》是一篇极具作者吴涛个人风格的成长回忆录，讲述了一个游戏男孩与《雷神之锤》、网友以及现实困境的故事。而游戏研究学者刘梦霏，则从“研究偏见”和“游戏动机”的角度，试图分析并扫除掉“游戏上瘾”这团长期徘徊在中国玩家顶上的乌云。当你谈上瘾时，你真的知道自己在说什么吗？

从上瘾到治愈：数字成瘾诊断报告

作者 | 李奇

看看各个公司的 KPI，我们就知道所有的互联网产品设计都只有一个目标：让用户上瘾。

美国精神病学会于 2013 年发布的《美国精神障碍诊断与统计手册》第 5 版（*DMS–5*）并没有将“互联网成瘾”收入其中。其前一版本，于 1994 年发布的 *DMS–4* 的编纂顾问之一，长期从事成瘾康复工作的斯坦顿 · 皮尔（Stanton Peele）评论说，我们对于成瘾的理解仍然局限在“生物化学”的思维定式里，在 *DMS–5* 中，竟然没有提到电子游戏成瘾、性成瘾；参与编写的心理学家们勉勉强强达成共识，承认赌博有成瘾的隐患，却为它单独开设了一个叫作“行为成瘾”的分类，以区别于“物质滥用成瘾”。而“在线游戏成瘾”则扭扭捏捏地出现在附录中，被打上了“需要进一步观察”的标签。

关于成瘾，传统的解释大约是这样：为了好好活下去，我们进化出了一种特殊的大脑机制，叫作“奖励回路”。当我们做了对生存来说比较重要的事情，比如吃饭、做爱、运动、吹牛（获取地位）、买买买（积累资源）时，这个大脑机制就会生成一种叫作多巴胺的物质，让我们“爽”。于是我们就会想要重复做这些对人类生存有意义的事情，人类也就得以繁衍生息。

通过大脑扫描研究，科学家们认为这个所谓的“奖励回路”就在大脑的纹状体（Striatum）中，叫作“伏隔核”。如果把老鼠的这个脑区接上电路，使老鼠压动杠杆时产生电流刺激它，老鼠就会不吃不喝一直按动这个杠杆。加州大学洛杉矶分校最近发表一篇论文，通过核磁共振扫描证明了学生们在看到自己的图片被点赞之后，伏隔核像灯泡一样亮了起来，与抽烟、赌博、吃巧克力一样。

至于成瘾，则是因为有一些物质会绕过这些健康的生命机制，直接刺激大脑，产生大量的多巴胺，于是人类爽到极点，从此曾经沧海难为水，其他的爽都不再爽，只有毒品（或病毒或酒精）才是真的爽。并且大脑越来越适应这种爽，所以为了找回原来的感觉，成瘾者不得不加大剂量，然后就像那只老鼠一样不吃不喝地直到爽到死（或至少严重破坏正常的生活和工作）。

如果说药物是“化学黑客”，绕过了正常的脑回路直接产生最纯粹的“爽”，那么我们现在生活在一个充满了“行为黑客”的时代，像赌博机或电子游戏这样的东西，就是在充分了解心理学的基础之上，绕过对生命有真正作用的活动，用最简单的路径在大脑中激发“爽”的感觉。

赌场中的老虎机是一个很好的例子。《设计成瘾》（*Addiction by Design*：*Machine Gambling in Las Vegas*）一书的作者娜塔莎·道·舒尔（Natasha Dow Schuell）曾深入研究过这个深受赌徒和赌场喜爱的上瘾机器。

20 世纪 90 年代，赌场经营者们和老虎机制造商们嗅到巨大的商机，并发挥了最大的创造力投入到老虎机的设计中，“以玩家为核心的设计”（PCD，Player Centric Design）、“机上时间”（TOD，Time On Device）被提了出来。在大量的博览会、研讨会上，人们公开讨论如何让玩家更上瘾、如何让一次性玩家变成重复性玩家、如何鼓励玩家持续游戏、如何通过加快游戏速度带来单位时间内的赌注增加，甚至如何通过自适应（是的，那个时候大家就在讨论自适应了）的方式让每个玩家都找到自己舒服的赌博频率等议题。

“玩家体验”被做到极致。从赌场的建筑设计开始，经营者们就做了巧妙的安排：玩家可以轻松地进入赌场，但赌场内部迷宫一样的设计让玩家很难找到出去的路。这样既增加了滞留的时间，又增大了玩家被吸引重新开始赌博的可能性。没有任何门窗和时钟，让玩家感受不到时间的流逝。老虎机的设计也无所不用其极：出币的托盘故意使用不锈钢制作，让所有人都能听到赢家“当

• 《设计成瘾》的报告显示，经过设计的机器交互界面和赌场环境，会促使玩家进入一种被称为“machine zone”的沉浸状态。

当当”的响亮收获；把拉杆变成按钮，以最大限度减少疲劳，使玩家赌博时几乎不用移动身体的任何部位，从而使单位时间内赌博的轮数增加 30% 以上，当然，同比例增加的还有赌场的收入。调整屏幕的倾斜角度，让玩家可以用最舒服的姿势委顿在椅子里；在屏幕四周镶上隔板，以创造一个相对私密的空间；在机器上加入呼叫服务的按钮，玩家想要喝水吃东西或吸氧气时不需要挪动屁股；扭曲输赢的定义（例如，押注 1 美元，获得 0.5 美元也会被机器说成是“赢”，并用叮叮当当的硬币落盘声给玩家正强化）；将支付手段从硬币升级到纸币，再升级到银行卡和储值卡上缺乏真实感的数字。最为精妙的是对算法的操纵，例如，所谓“Near Miss”出现的比例要远远大于概率水平。如果“777”是最大的奖励，那么出现两个“7”，另一个紧邻“7”的图案的情景会经常出现，让玩家极大地高估自己的赢面，从而热血沸腾地继续赌下去。

似曾相识吗？彼时风光无限的赌博行业，是不是与当今的互联网行业有异曲同工的感觉？除了技术更加先进之外，我们在谈的“用户体验”“留存”“日活”根本不是什么新鲜的概念。张小龙所说的“用完即走”只不过是不知民间疾苦的玩笑话，看看各个公司的 KPI，我们就知道所有的互联网产品设计都只有一个目标：让用户上瘾。而游戏设计就是这种“设计成瘾”的最好例子。

学过心理学的人一定记得斯金纳（Burrhus Frederic Skinner）和他的斯金纳箱（Skinner Box）。想要操纵老鼠的行为，让它按压一个杠杆，就需要一步步给它条件刺激和奖励。先是老鼠面向拉杆时，就给它好吃的，等老鼠学会了这一步，就在老鼠接近拉杆时给奖励，然后是触碰拉杆时，然后是压动拉杆时。于是懵懂无知的小老鼠，就逐渐学会了懵懂无知地拉动杠杆，此时，前面的奖励条件都无必要了。

在游戏里面，我们都变成了小白鼠，先是干掉 5 个小杂鱼就可以升一级，100 块金币买来的新装备让我们武力值加倍，酷炫的新技能让我们爽到嗨。接下来要 50 个才能升级，再接下来要 1 万块才能买到勉勉强强更好的装备，此时，干掉一个小杂鱼的经验值已经肉眼不可见了。于是我们杀更厉害的角色，为了练级、攒钱、买装备。终于，我们制霸服务器，睥睨天下。然后，游戏宣布升级，等级上限从 60 级升到 100 级，新的区域开启，我们屠杀一通之后发现对手越来越强，升级所需要的经验值后面的 0 开始多到数不清，不过当然有新的而且是越来越贵的装备帮助我们，于是又开始练级、攒钱、买装备。我们陷入了一个死循环，像斯金纳箱中的小白鼠一样周而复始地用前爪按压一个莫名其妙的东西。Ubisoft Blue Byte 工作室的游戏 *Settle Online* 的首席设计师托伊特·维德曼（Teut Weidemann）公开表示，做一款成功游戏的核心就是“利用人性的弱点”（exploit human weakness）。

然而这不是重点。

上面提到的成瘾康复专家皮尔医生说，没有一个病人是因为大脑扫描发现异常才来就诊的，病人来就诊是因为他们长期使用某种药物或进行某种行为，欲罢不能且造成了长期的伤害。把“成瘾”完全归罪于人的大脑结构或机制是不合理的。同样的，也不能把它简单地归罪于成瘾物。例如，作为成瘾重要指标之一的戒断反应实际上在大多数药品上都存在。美国在越战时大量使用海洛因作为药物，然后 90% 以上的美军海洛因使用者在回国后一夜之间就停止了使用，并没有成瘾。机器、互联网或游戏也是一样。虽然它们的设计者们煞费苦心地以“成瘾”为设计目标，但真正值得关注的，不是这些机器或程序，而是人与机器或程序之间的关系。

关于人与机器的关系，社会学家布鲁诺·拉图尔（Bruno Latour）引用了枪与犯罪的例子来进行说明。在美国关于第二修正案的争论中，美国步枪协会（National Rifle Association）的口号“杀人的是人，而不是枪”耳熟能详。拉图尔却认为，既不是枪杀人，也不是人杀人，枪与人之间的关系才是重点：

> 拿了枪，你就变了；枪被你拿了，枪就变了。因为你拿了枪，你变成了完全不同的人；而枪也因为跟你产生了关系而变成了不同的物体。

拉图尔认为历史已经发展到了“人与机器的亲密度、人与机器生产关系的频率已经发展到了史无前例的高峰”，而电脑、视频游戏、手机、iPad 之类，已经变成了每个人调节自己的感情状态，与这个真实世界建立一个缓冲区的必要手段。虽然这些电子产品表面上看起来给我们带来了更多的选择、更多与他人的连接，和更多的自我表达的机会，但是它们也可以用于减少选择、断开连接与自我逃避。

机器正成为新的毒品，人与机器的关系正逐渐取代人与人的关系。

早在电脑或智能手机出现在大众消费清单里之前，

人与机器之间关系的过度亲密已经初现端倪。这种趋势最早表现在赌博市场中。在 20 世纪 80 年代，赌场里的“主流”赌博乃是那些高赌注的游戏：21 点、德州扑克和轮盘赌。各路赌神在一掷千金的豪气中赌上自己的身家和名誉，享受着肾上腺素喷薄而出的快感，就像各种赌场片中所描绘的那样。赌博，在那个时候，是一种激烈的人与人之间的交锋，是社交场的浓缩与升华，是这个“失去风险的社会”中重新定义自我的方式，是让籍籍无名之辈一夕成为人中龙凤的角斗场。

• 摄影师埃里克 • 皮克斯吉尔（Eric Pickersgill）将一系列照片中的手机和 iPad 等电子产品用软件抹掉，让人更加震撼地感受到电子产品对于生活的入侵。

而到了 20 世纪 90 年代，一个巨大的变化让所有赌场的经营者都吃了一惊：老虎机竟悄无声息地变成了营收饼图中最大的一角。1984 年，只有 30% 的赌徒认为老虎机是他们最喜欢的赌博方式，而到了 1994 年，仅仅十年后，这个比例上升到惊人的 78%。赌城的一位鸡尾酒女招待对娜塔莎·舒尔说："赌城现在应该叫老虎机城了。"这种毫无气派可言，所有赌博题材的电影都不屑于给个镜头的场景——一个人拿着大把硬币，萎靡地呆坐在一台土里土气、叮当作响的机器前，像一只受过训练的老鼠或猴子一样一次次拉动拉杆——竟然成为所有赌场收入的顶梁柱。人与人的赌博，被人与机器的奇怪结合所取代。这种最初只是为了那些"真正的赌徒"的女眷们以及穷酸的观光客准备的"小玩意儿"，竟然取代了"真正的"赌博，成为赌场收入的顶梁柱。内华达大学的社会学教授布·伯恩哈德（Bo Bernhard）在 2000 年的一场演讲中说："此时此刻，一定有某个赌场正锯开巨大的 21 点赌桌，为这些小机器腾出空间。"

没有多久，经营者和研究者们都发现了这种人与机器的连接有多么强大。很多老虎机玩家，可以一动不动地坐在机器前数十个小时，甚至把尿排到喝水的杯子里，直到自己手中的铜板完全花光，或者玩到失去知觉为止。舒尔写道，赌场中突发心脏病的死亡率奇高，原因在于救护人员无法及时赶到病人身边，而最大的障碍在于赌徒们不愿意从自己的机器前挪开。很多赌场为保安专门配备了便携式心脏起搏器。在研究这些起搏器效果的监控视频中，最让人震撼的不是有人会赌到突发心脏病，而是那些玩老虎机的赌客的冷漠。像是风雨飘摇的大海上固定的礁石，哪怕一个活人就在自己脚边摔倒，这些赌客也完全不为所动，连目光也不会离开机器，老僧入定一般沉浸在自己与机器的奇怪韵律当中，咔、叮铃、咔、叮铃……事实上，他们根本就没有注意到，他们已经进入了另一个世界。在这个世界中，只有他们收缩到一线的意识和机器本身。

舒尔采访了一位学医出身，却在赌场里做荷官的女士莎伦，她说：

> 很多人认为赌博是纯粹的概率，你永远猜不到结果。但是在玩老虎机时我很清楚结果是什么：我要么赢、要么输；我在意的不是我的硬币多了还是少了：重要的是，每次塞一个新的硬币进去，抓五张牌（机器版的扑克游戏），按几个按钮，我就可以继续下去。

> 所以说，这其实根本就不算是赌博——实际上，只有在这里，我才会感受到一种确定感。如果我真的把它当作一种概率游戏……我就会吓得不敢玩了。如果连机器都靠不住了，那你还不如回去那个什么事儿都说不准的人类社会算了。

舒尔认为，在莎伦的叙述中可以看出来，与老虎机的互动，让她得到了一个“隔绝区”，让她可以暂时离开那个任性的、离乱的、不安全的真实世界。玩老虎机，让她的真实世界中的时间、空间、社会身份得以暂停，给她一种虚幻的确实感，一个“像风暴眼一样乱中取静的场域”。技术在创造了环境问题、金融危机、就业问题这些“人造不确定性”（Manufactured uncertainty）① 的同时，也在制造一些“人造确定性”，让人们可以一定程度上逃离现代社会的压力、焦虑和尔虞我诈。

※

人与机器的关系亲密升级，不仅仅体现在赌博上。《群体性孤独》的作者雪莉·特克尔（Sherry Turkle）记

① 这个概念由社会学家乌尔里希·贝克（Ulrich Bech）所提出。

录了人与陪伴机器人和其他电子产品互动的过程。她提到“有些人为了他们的智能手机坐立不安……因为他们渴望回到虚拟世界，这样他们就又能成为更好的自己了”。甚至不乏爱机器人胜过真人的例子，理由是“我觉得机器人比我的父亲更能理解我”“我向它说话时不用担心它受到伤害”或“它随时都在那儿，永远不会离开我，也不会背叛我”。而使用发短信来代替打电话、用朋友圈或 Facebook 中暧昧不清的“赞”来代替真正的交流，也是为了创造一个缓冲区，避免受到所谓的社交伤害。

也许我们沉迷于游戏、互联网或赌博不过是为了抵消这个复杂的世界给我们带来的一万点伤害，逃离真实的世界和真实的人际关系。

实际上，在我们谴责机器或技术给我们带来的“疏离感”的同时，很少有人会想到这种疏离感发生的时代背景。这个时代背景是，每个人都在社交过载的状态中。人们不会直接打电话给朋友，是因为可能“打扰到他们”。当年乔布斯可以在电话黄页中直接找到惠普老板的电话，打过去后对方还愿意跟这个素未谋面的年轻人聊上几句，那种情况永远不会再出现了。这个时代背景是，每个人都在选择过载的状态中。“去商店买牛仔裤根本不用选，因为只有一种款式”[1]的时代已经过去了。这个时代背景是，所有人都期望过高，不但不成功被人鄙视，连不开心也成为一种罪过，必须服用一种称作“正能量”的药物才能融入社会。在这个数字时代，因为机器所带来的方便，人与人的互动变得更多，而这些社会连接似乎也让人们精疲力竭，微信让你随时在线，而鼓吹“工作和生活分开”的钉钉，真正做到的却是让你随时在工作。

也许我们看到的“成瘾”，并不是病症，而是治疗过程。

我们的人生与电子游戏何其相似。努力工作、升级或升职、遇到更强的问题或对手、渴望买更贵的东西。唯一不同的是，游戏世界是一个有限的、简化的世界。在游戏的世界里，你知道只要花时间，经验值就一定会上升；游戏世界中你不会因为一个 NPC 骂了你而出离愤怒，也不会为了怕伤害一个游戏角色的感情而小心翼翼；游戏设计的学习曲线让你始终处于一个合适的困难中（既不会难到让你放弃，也不会简单到让你无聊）；游戏中的技能树是有限的，任务是明确的，不像真实世界中你所

① TED 演讲《选择越多越痛苦》，演讲者：巴里·施瓦茨（Barry Schwartz）。

面临的无限的选择；游戏中的规则是明确的，不像真实世界的规则这样模糊而难以理解；就算被队友坑了，也大不了复活重来。

无怪乎人与人之间的关系正在逐渐被机器与人之间的关系取代，因为相对于人来说，机器无限简单、无限安全、无限优秀，而随着技术的发展，机器将越来越能满足人的需求，变成人类的完美伴侣。就像雪莉·特克尔所描述的那样，在人与机器的互动中，最让人惊讶的并不是机器能做到什么，而是在面对机器时，人与机器的互动方式超越了所有的想象。

在谈论“成瘾”这个词的时候，可能很少有人意识到这种表达本身代表了一种“年龄的权利欲望”。

最具搞笑精神的科幻小说家、《银河系漫游指南》系列的作者道格拉斯·亚当斯（Douglas Adams）提出过一个“科技三定律”：

> 任何在我出生时已经有的科技都是世界本来秩序的一部分；任何在我15~35岁之间发明的科技都是改变世界的革命性创新；任何在我35岁之后诞生的科技都是违反自然的，预示着

文明的终结。

事实上，“过年就应该一家人一起看春晚，你为什么要自己玩手机”可以看作是上一个科技世代对于规则制定权的争夺和自知大势已去时的垂死挣扎。事实上这种挣扎几乎伴随着所有的技术进步。说着“玩手机的人亲情淡漠”的一代，也被上一代说过“过年就应该一起包饺子、祭祖，你瞅着个电视是不是有病啊”。再往前，还有“我们老祖宗留下来的东西无往不胜，不需要洋人这些奇技淫巧”“圣经就应该是拉丁文的手抄本，只有受过高等教育的神职人员才能宣讲，你搞一个德文版的还用印刷机来印，搞得人人都能读了是会遭报应的”。连每天在市场上到处溜达、到处拉人辩论的苏格拉底也要列举书面文字（相对于口头表达）的两个罪状：写下来就不需要脑子记了，会损害记忆力；写下来就没有变化了，那么岂不是对每个人都说一样的话了？

至少在中国的语境当中，“网瘾”这样的词语带来的第一印象可能并不是“上网”这种行为对当事人造成了多大的伤害，相反，带来最大伤害的是“治疗网瘾”这一黑色的产业、孩子们头上电击的伤痕，以及父母和社会或许是无意识但处处透出残忍的控制欲。

※

所以，你有成瘾吗？这里奉上诊断标准：

- 痴迷：痴迷于游戏（例如，经常回味过去的游戏体验、花时间想象下一次游戏）
- 耐受性提高：需要玩更多的时间才能达到同样的满足
- 失去自控力：经常想要戒掉，但总是戒不掉
- 戒断反应：不玩游戏时坐立不安，易怒
- 逃避：通过玩游戏来逃避某些不好的情绪（无助感、罪恶感、焦虑感，抑郁）
- 追逐：某一天玩输了后，希望再玩一次“赢回来”
- 欺骗：在游戏的痴迷程度上向家人或医师说谎
- 不法行为：为了玩游戏而进行不法行为（如造假、偷盗）
- 威胁到人际关系：因为游戏影响到重要的人际关系，影响到工作、教育或职业机会
- 需要救助：因为游戏影响导致生活需要他人救助

上面实际上是《美国精神障碍诊断与统计手册》第

4 版中对于赌博成瘾的诊断标准，只不过把所有的“赌博”换成了“游戏”。同样，也可以换成朋友圈、手机、色情网站，看看自己满足几条？我想大多数人没有达到这个标准吧。

沉迷一下又有何不可？明天上班，产品还要跟技术扯皮，设计还要跟市场矫情，销售还要跟客户赔笑，生活还要继续。

李奇 | 一只在校风自由散漫的大学里读了物理学和心理学的产品汪。人生愿望是获得自由。

当你谈上瘾时，你真的知道自己在说什么吗？

作者丨刘梦霏（Felania Liu）

“游戏魔”

“一场新的鸦片战争。”

想要严肃地谈论游戏，“上瘾”问题是无法越过的一个坎。2011 年前，学界几乎在一边倒地讨论游戏成瘾问题及其对人的异化作用。即使在积极利用游戏对人的影响、以游戏推动改变的游戏化社群之中，认为“游戏化机制就是上瘾机制，呼应人类如七宗罪般的负面欲望，通过利用人的弱点激起使用者的自发性行为”的声音也依然取得了许多设计师的支持。在理性探讨之前，不妨从感性角度，理解过去 20 年主流媒体里的“游戏魔”。

医学界已经鲜明地提出，网络游戏如同电子鸦片，披着高科技的外衣，其实是一种吞噬青少年灵魂的恶魔。

一位家长生动地描述了网络游戏是如何摄走孩子的灵魂的：“几个小时、几十个小时坐在电脑前，网络游戏里面的一种神秘物质慢慢进入孩子的脑子里，把孩子的脑髓一点点吃掉，让孩子的灵魂跟着它进入电脑，附在野兽或者腐烂的尸体上，野兽就能说话，尸体就能复活，孩子的肉体就只剩下一具空壳，灵魂在电脑里游荡。如果孩子活着离开电脑，灵魂还能回到身体里，但已经沾染了兽性，变成了野兽；有些孩子的灵魂回不来，肉体就会在电脑面前死亡，那些在网吧中猝死的，多半属于后一种情况。人性变成兽性，父母、老师、爷爷、奶奶全都敢杀，连禽兽都不如！”

这段描述出自 2008 年 2 月起在央视 12 频道播出的纪录片《战网瘾》及《战网魔》，以及基于此纪录片，在同年 6 月出版的纪实文学《战网魔》。这部纪录片以山东临沂市第四人民医院精神科大夫杨永信的网瘾治疗所作为治愈网瘾的希望之光，兽化的玩家在此得到救赎。在调动情绪上，这部纪录片已走到极致；不过要理解游戏成瘾的典型观点，还得看当时挑起反对游戏大旗的精神科大夫们：

> “网瘾患者存在的问题并不仅仅是网瘾自身，还包括所谓的认知偏差和性格缺陷；沉溺于网瘾的人会逐渐失去人性，而渐渐出现‘兽性’。因此，最重要的就是要矫正患者所谓的性格缺陷。”
>
> ——山东临沂市第四人民医院精神科大夫杨永信

> “网瘾是病，40% 是大脑有问题造成的，40% 是注意力缺陷造成的（所以是精神病，学业上不如正常孩子），目前无有效药物治疗，但是也不可能靠心理医生（陶宏开）治愈。”
>
> ——原北京军区总医院戒网瘾精神科教授陶然

> “上网达到非理性程度就是网瘾，分成 4 种类别。网瘾只是一种心理疾病，不需要药物治疗。从 04 年到现在我没用一粒药，也帮助

了很多孩子走出网瘾……我不是医疗机构，希望取缔非法的网瘾治疗机构。”

——华中理工大学名誉教授、戒网瘾专家 陶宏开

尽管在程度与治疗方案上存在一些分歧，但这些专家的观点仍然可被概括成“网瘾是病，玩家有罪”。而当我们谈游戏上瘾时，这就是我们面对的主要观点。

基于偏见的恐慌

与其说网瘾是一种疾病，不如说它是一种症状。

从根本上来说，当我们拷问游戏“成瘾”的现象时，真正想问的是“游戏为何吸引人？”更具体地说，游戏“成瘾”是“对于人类而言，电子游戏的意义在哪里”的一个充满恐慌的答案。

将游戏定义为上瘾媒介的人已在事实上承认了游戏对于人的重大影响，只不过出于无意识或者思维上的懒惰，比起进一步思索“为何”，他们更多地诉诸中国文化对于游戏的传统偏见：游戏首先是“丧志”的，其次是反文化的；游戏将人类的注意力调离工作学习等正事，使人成

为从属于欲望、半人半兽的生物。当我们将游戏与毒品、玩家与瘾君子相关联时，所体现出的是正对于人类丧失自主性与自控力、丧失“人之所以为人”的本质的恐惧。

这种恐惧，以及对游戏丧志、反文化的固有观念，其实都根植于脆弱的文化偏见，而缺乏真正的事实性基础。基本上，现在所见的大多数上瘾研究，其理论依据都来自 2013 年发布的美国精神病学会的《精神障碍诊断与统计手册》（*DSM–5*）。“中国临床上使用《中国精神疾病分类与诊断标准》（*CCMD*），但是做研究的时候基本上使用的还是 *DSM*，全世界的研究人员基本都是如此。”北京大学第六医院精神科主任医师于欣说。

DSM 由美国精神病学学会负责修订，汇聚了超过 1500 名专家的心血，主要通过列出专家们认可的精神病的清单，并描述相应现象来完成分类，从 1952 年的第一版手册以来，已有超过 64 年的历史。这本书在美国被视为“圣经”，不仅精神卫生专业人员在治疗患者时常规使用这本手册，临床医生、法医、监狱、制药企业以及药物代理机构也在使用，就连保险公司也参照它的标准决定给哪些疾病承保，甚至领养人是否能够领到孩子，都要参照这本书。不过，讨论疾病或心理障碍的根源并非 *DSM* 的使命，也因此历代手册都有引发争议之处。但

大多数人在谈上瘾时，满足于 *DSM–5* 的金字招牌，觉得“全球专家认可就说明网瘾存在”，却从未去真正检视相关条文——而这正是本文要做的。

游戏成瘾，更确切地说，“网络游戏精神障碍”（Internet Gaming Disorder）理论基础来自网瘾的判断标准。1998 年，K.S. 扬（K.S.Young）提出网瘾的八条标准，满足五项即可确定为染上网瘾，即“病理性网络使用”（PIU，Pathological Internet Use）。

网瘾（PIU）判断标准（1998）：

1. 整天对互联网念念不忘。
2. 为了获得满足感，在互联网上花费的时间越来越多。
3. 试图减少上网时间但没有成功。
4. 在不上网的时候觉得坐立不安、喜怒无常或情绪低落。
5. 上网时间比预期的长。
6. 为上网牺牲了与家庭和朋友的关系。
7. 对家庭成员撒谎，试图隐瞒上网时间。
8. 把互联网作为逃避问题的手段。

2005年，在PIU的基础上，格里芬（M.Griffins）和戴维斯（M.Davies）提出了有关游戏成瘾的判断标准，认为具有以下六种状况就可称作游戏成瘾（VA，Videogame Addiction）。

游戏成瘾（VA）的标准：

1. 突显性：随时随地想着游戏。（PIU1）
2. 情绪改变：在游戏时感觉很“爽”。
3. 耐受性：玩游戏的时间越来越长。（PIU2、PIU3）
4. 戒断症状：不玩游戏时情绪不适或痛苦。（PIU4）
5. 冲突：因为玩游戏给工作、学习或家庭带来问题。（PIU6、PIU7）
6. 复发性：试图不玩后又回到原来的样子。

2007年，美国心理学家学会征集了12名跨学科专家与超过20名顾问成立“物品使用障碍”（SUD）小组，依托现存文献来寻找“行为上瘾”的诊断标准。六年的调查之后，在所有行为中，只有赌博与网络游戏上瘾借助足够的文献而被收录于*DSM–5*中。不过，根据SUD小组组长奥布莱恩（O’Brien）博士与组员帕特里（Petry）博士发布的最终报告，尽管有250篇文献研究网游上瘾，这些研究却缺乏统一的诊断标准，在何种程度为上瘾的问题上也缺乏共识，所以根本无法得出决定性的结果。报告随之清楚地指出，为了得到更确切的答案，需要推进研究。而在此基础上他们才将陶然教授提出的九条“预示网游成瘾的潜在判断标准”列入了*DSM–5*的第三部分，随后紧接着就提出“明显的临床症状——判断所有精神疾病的关键标准——也仍然缺失，实证性结果亦远远不够”，证明委员会自身对于网游成“瘾”的说法仍具疑虑。

预示网游成瘾的潜在标准：

1. 渴求症状（对网络使用有强烈的渴求或冲动感）。（PIU1、VA1）
2. 戒断症状（易怒、焦虑和悲伤等）。（PIU4、VA4）
3. 耐受性（为达到满足感而不断增加使用网络的时间、加深投入的程度）。（PIU2、PIU3、VA3）
4. 难以停止上网。
5. 因游戏而减少了其他兴趣。
6. 即使知道后果仍过度游戏。
7. 就玩游戏的时间和费用向他人撒谎。
8. 用游戏来回避现实或缓解负面情绪。（VA2）

9. 玩游戏危害到或失去了友谊、工作、教育或就业机会。（PIU6、PIU7、VA5）

由于报告没能明确提出网游上瘾的确是心理疾病，亦缺乏统一的诊断标准，但提供了九条含糊的“潜在标准”，*DSM–5* 受到了广泛的批评。心理学家道林（Nicki Dowling）一年后在同一本期刊上撰文，除了重申网游成瘾缺乏统一标准、缺乏实证数据的问题之外，还指出该报告错误地将游戏与上网硬分在一类，从而造成了概念的混乱。他亦指出，只有亚洲地区的上瘾率特别高，说明目前的成瘾标准也许未能摆脱文化的影响。而与赌博成瘾的问题相似，网游成瘾的基础概念仍处在争论之中，又无法以生化方式标记出上瘾区域，使得各研究的实验结果均无法重复，治疗效果亦难以评估。此外，目前的“潜在标准”并不能区分上瘾者与正常人，几条标准之间的相对重要性也仍然模糊，这些都影响了 *DSM–5* 报告的科学性与可信性。

在道林批评的基础上，笔者亦想补充几点质疑。既然美国心理学会并未在病理上确认网游成瘾确为精神疾病，九条标准亦非临床诊断的标准，那么我们实际面对的网游成瘾，就仍是概念上的建构而非板上钉钉的事实。而概念建构常常会受到文化、社会与个人偏见的影响，因而应当进行尤其详细的检视。例如，有些成瘾的标准也许根本就属于玩家正常的游戏过程，只是由于被放到显微镜下而显得特别畸形（如下文 1、2）；另一些因素，从目前的标准中根本无法得到确定的结果，仍然需要进一步探索（如下文 3、4）。这类问题包括但不限于：

1. 由于游戏本身的设计，逐渐增加的游戏时间（上瘾标准）以及玩家的情绪变化（上瘾标准）可能是由于玩家沉浸于与其他玩家的社交互动（非成瘾表现）。
2. 游戏本身会依照教育原理设计循序渐进的过程（progression），逐渐增加的游戏时间（上瘾的标准）很可能正是玩家在游戏中学习规则、熟悉游戏的正常表现（非成瘾表现）。
3. 那么成瘾与未成瘾之间，是有明确的界限，抑或是一个变化的范围（未成瘾—轻度成瘾—重度成瘾）？这种范围如何确定？
4. 硬核玩家与上瘾者之间的明确界限在哪里？例如，若玩家及周围人都没有受到折磨（suffer）而是把游戏当作生活方式来享受，如何判断成瘾？

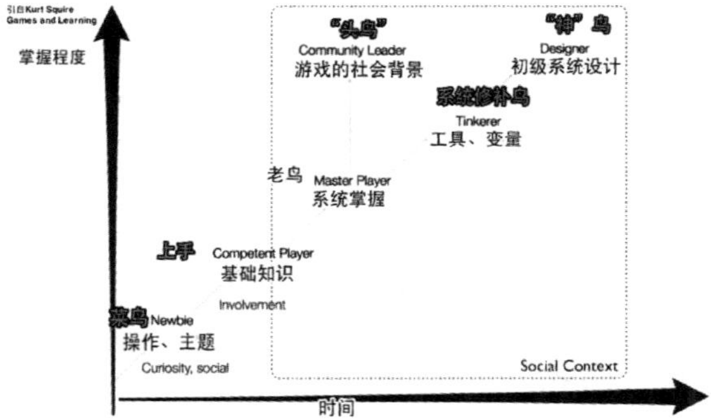

• progression 示意图

简单地说，哪怕从概念建构的角度来说，目前的*DSM–5*标准也仍然含糊不明。这套标准最大的问题在于，它无法将正常的网络活动、正常的游戏活动与病态的网游活动区分开——这种区分也许永远无法以病理学或心理学的形式建立起来。这一方面是因为具有偏差的玩家行为很可能不是简单的心理扭曲，而是社会造成的问题，倘若如此，尝试在心理学框架内解决就非常荒谬不智；另一方面，与其说网瘾是一种疾病，不如说它是一种症状。

若干不同外国研究者的研究表明，具有某些特定个性的玩家更容易沉迷，这些个性包括情绪不稳定（表现为苛刻或唠叨）、孤独、权力欲强、自律性差，以及具有偏执的热情。如许多玩家研究所证明的，这些个性很可能是由家庭或社会环境造就；而玩家很可能在“成瘾”之前已具备这些个性，或同时患上了抑郁症等其他可以得到确证的精神疾病。在这种情况下，网游只是玩家发泄的渠道，而不是玩家上瘾的原因。

那么，如果瘾不是我们玩游戏的原因，什么才是？

游戏为何吸引我们？

玩家从不孤独，正是游戏将他们从孤独中解放。

要回答这个问题，可以将重点放在“我们”上，亦可将重点放在“游戏”上。将重点放在前者，就能从我们游戏动机的角度来理解游戏；从后者入手，则能得到从游戏机制入手的相关理论与观点。

有许多学者都认真探索过游戏的吸引力以及我们游戏的动机，并从不同角度给出了答案。从不同的角度回应“我们为何游戏”的理论有一个共同点：他们从人类游戏中看到的，都是比较深刻的动机。游戏使你充分地做自己，体验乐趣、幸福与意义感。这种视角恰与我们传统文化中将游戏视为“丧志”之途，视为使人堕落为半人半兽的欲望生物的可怕精神鸦片的观点形成了鲜明对比。

不过，从人的角度入手进行研究，未免有过泛之嫌。因此也有游戏研究学者专门从游戏机制入手，寻找那些吸引人游戏的机制。贾斯珀·朱尔（Jesper Juul）将游戏机制分为渐进式机制（progression）与突现式机制（emergence）两种，前一类游戏的挑战由设计师预先设计并控制，玩家只能依据固定轨道前进，预设挑战也只有单一的答案。RPG、AVG 等依赖于叙事成分的游戏多半属于这一类。而具有突现式机制的游戏是挑战在玩家进行游戏的过程中自然展现的游戏，这是最原始的游戏结构，规则简单，变化多样，大多数棋牌类游戏、桌面游戏、策略游戏都属于这一类。而结合我们在前面提到的游戏的渐进机制（参见 progression 示意图，此处的渐进指游戏的渐进机制，与渐进式游戏中的渐进含义不同），就会发现玩家在游戏中得到的乐趣与满足其实既是分阶段，又是分类型的。新手、老手与大神在游戏中因享受到不同的机制而满足。在不同类型的游戏中，乐趣可能来自对技巧与规则的掌握（突现式游戏），亦可能源自逐步深入剧情带来的乐趣（渐进式游戏）。

游戏的渐进机制会导致追求技术提高的玩家与享受叙事的玩家反复返回游戏。此外还有其他起作用的机制，例如声望系统在不同的 NPC 团体中给予玩家不同的声望等级，让玩家为了完成日常任务而一再回归；成就系统奖励玩家在游戏中多种多样的游戏行为，诱使玩家尽可能多地投入游戏，获取徽章或称号。

不过，真正将玩家留在游戏中的，往往不是游戏本身，而是与之游戏的其他人。上瘾论者认为游戏使人陷入孤独，其实正是不了解游戏的表现。许多玩家对网游投入时间与感情，是由于在游戏中遇到的其他人：无论是网游公会带来的归属感与社群反馈，还是与其他玩家并肩作战、惺惺相惜的伙伴情谊，抑或是追求更高、更快、更强，胜过其他玩家的竞争心，都是玩家在社交框架下的表现。哪怕是一人游玩的单机游戏，也会通过 NPC 来营造虚拟的社交环境。玩家从不孤独，正是游戏将他们从孤独中解放。

被暴利与暴力碾压的研究

地上的一团阴影可能是树的投影、UFO 的投影，或是作为妖怪的魍魉。

与以上这些切题且深刻的游戏研究理论相比，上瘾论者所相信的“人因瘾而游戏”更显得毫无依据，苍白无力。从前文对 *DSM-5* 的分析中，我们已经明白这是一套以提出诊疗标准为目标的实用型体系，只回答“是什么”，不回答“为什么”。实际上，忽略“为什么”的“是什么”，很容易陷入缺乏统一标准、自相矛盾的境地。不过，比这一点更重要的是，由于理论基础中并没有“为什么”的部分，当持上瘾论的专家说服公众时，他们其实诉诸的不是专业素养，而是个人偏见。个人偏见可以以非常隐晦的方式，对研究的走向及结果造成重大影响。比如，对于上一节的问题“游戏为何吸引人”，我们有以下几种设问方式：

关于“我们的游戏动机”：

· 我们为什么玩游戏？

· 我们为什么无法停止玩游戏？

关于“游戏的机制”：

· 游戏吸引我们的是什么？

· 游戏引诱我们的是什么？

每一组问题都有中性设问与贬义设问的两种方式，尽管问的是同样的问题，设问方法不同，得到的答案可能完全不同。这正是我们质疑 *DSM-5* 判断游戏成瘾那九条潜在标准的原因：由于研究者本身并未申明自身的游戏经验及研究经验是否足以进行这种判断，亦未检视自身关于游戏的基本预设，更未申明自身与网瘾治疗相关的利益关系，我们无法确定他确实是站在中立的立场上进行的研究。将一整个社会群体——玩家——通过九条虚无缥缈的标准归类为瘾君子的干系实在太过重大，单纯的专家身份或精英身份根本不足以为研究者背书。

尽管如此，自 2008 年 3 月至 2009 年 7 月，甚至更长的时间内，我们的大众媒体与主流舆论，竟都一边倒地承认游戏成瘾现象，支持网瘾戒除所的军事化管理以及抽搐型电痉挛的基本疗法（2009 年被叫停后改为低脉冲治疗，仍为电击）来“治疗”玩家；坐视本来中性的玩家群体被人为地推入瘾君子之列，而从未回头检视上瘾这件事与提出上瘾的这些人。从本文第一部分所引的《战网魔》中，可生动看出当时弥漫于社会的集体性盲目、迷惑与疯狂。这种集体目盲的状况可能部分受到我们文化中对游戏的固有偏见的影响，但亦可能是资本运作的后果。倘若网戒机构的利润真如《南方都市报》与央视《新闻调查》《经济半小时》所调查的那么高，也许当时专家霸屏、玩家失语的状况就更容易理解。

其实，国外研究者及媒体都针对当时中国的网瘾戒除所以及相关专家的背景做过专门研究，只是这些研究从未进入大众的视线。例如，在巴克斯（Trent Bax）2013年对于陶然的网瘾戒除所的专题研究中，称陶然为“医学十字军”（medical crusader），并指出陶然的病人大多存在家庭与教育问题，父母针对孩童的暴力、缺乏父爱、父母对孩子不公的现象比比皆是，这些家庭的父母亦存在试图通过物质奖励买来孩子对学习的兴趣的做法。这一切直指网瘾“病人”们的问题的核心：这并不是可以通过电击来治疗的个人心理问题，而是家庭教育带来的社会问题。

再比如，2009年7月26日，美国《科学》杂志报道了杨永信及其电击疗法，并用“最臭名昭著”（the most infamous）来形容他。此后，其他国外报纸亦有报道。2014年，两位以色列女性导演则在陶然的网瘾戒除所拍摄了“网瘾患者”（web junkie）的纪录片，并认为他的所谓“治疗”完全就是对病人的惩罚。我们无法想象，我国的网瘾戒除所在唤起怎样的刻板印象；当所谓的“专家”靠着专业身份与精英话语权赚得钵满盆溢时，无论是普通玩家还是中国国民，都在社会名誉上受到了不可弥合的伤害。

其实，国外也同样存在关于游戏负面作用的报道与反思。尽管也有正面报道，但大众亦将游戏看作暴力的温床，恐惧游戏对青少年在性与暴力方面的诱导作用。

2011 年，美国加州通过了对第一法案的修正案，从此给儿童提供暴力游戏就是违宪行为了。不过，同一个法案也使游戏与小说、电影等前辈一样被列入修正案的保护之中。这种既惩罚过度行为、又保护常规行为的做法，对于曾在网瘾问题上体现出以偏概全的盲目性的我们，特别具有教育意义。

国外解决网瘾问题的方式亦值得我们参考。*DSM–5* 是心理治疗的标准，国外对于患者也主要采用心理疗法，且必须由患者自愿参与治疗。治疗的手段主要包括心理学工作者提供的 24 小时热线电话以及心理指导。新加坡 TOUCH Cyber Wellness 就是在治疗方案与中心运作上都比较成功的一例，然而与我国网瘾戒除所动辄上万的治疗费相比，该中心规定的咨询费为患者每月纯收入的 1%，最低 20 美元，最高 70 美元；检查费也只要 50 美元。对于真正因自控力而感到困扰的玩家，也许这样的中心才能提供真正有效的帮助。

语言是咒术。我们以何种方式为某种事物下定义，对事物的理解就会受到那种定义方式的限制。地上的一团阴影可能是树的投影、UFO 的投影，或是作为妖怪的魍魉；你如何称呼它，在某种程度上就决定了它的性质。当我们说游戏成“瘾”时，我们是否真的知道自己在说什么？

刘梦霏

游戏研究者。清华大学中国电子游戏研究协会（Chinese DiGRA）副会长。专注于游戏本体论、虚拟世界对现实世界的影响等领域，并致力于作为一名游戏化设计师，实践与完善游戏理论。

《恐怖谷》：虚拟现实是唯一现实

作者 | 戴一

你如何知道身边的人不是僵尸？

由阿根廷的 3dar Studios 制作的八分钟短片《恐怖谷》（*Uncanny Valley*）由两个不同视角的世界组成。一方面是居住在贫民区的流浪者，他们对现实不满，沉迷于虚拟现实的游戏，“虚拟现实就是唯一现实”，让他们忘却真实世界的烦恼。另一方面是游戏里的角色发现自己击杀的对象都是战争中死难的平民，游戏只是一个伪装，虚拟现实通过远程操纵把游戏玩家变成了战争机器。

短片如果只是想探讨游戏、沉迷与战争，毫无疑问这八分钟已经足够让人陷入思考。影片采用“恐怖谷”这一人工智能领域的术语，则显示了另一种可能。对恐怖谷的一种解释是，人看到像极了人类外貌却没有生命的人工智能会感到莫名的恐惧，实际上也就是近年来西方哲学界经常讨论的“僵尸”。虚拟现实中也有“僵尸”，而且正是因为在虚拟现实中不同生命和物品的感知发生了变化，我们无法通过直接感知判断对方是生命抑或僵尸。正如影片中展示的那样，那些苦情的平民会不会也只是模拟得很逼真的僵尸呢？

而且短片其实还有前后两个细节：一是片名出来之前，落泪的平民突然出现雪花状斑点，意味着这一层现实也是虚拟的，像极了《盗梦空间》或者王晋康的《七重外壳》；一是影片最后流浪者和战争机器相遇了，不得不让人想起《创世纪》第二章，上帝创造了亚当，神与人的手指像接电似的相互交流。然而，如果上帝也是被创造出来的，一切都是虚拟的呢？

影片第一句台词即流浪者说的“虚拟现实就是唯一现实”，因而观众自然而然地默认了流浪者本身是客观存在的自然现实，游戏相对就是虚拟了，然而既然战争可以是虚拟的，我们又有什么理由相信，流浪者不是虚拟的呢？

正如，谁能证明我们这个世界本身不是被虚拟出来的呢？当然这个问题一个讨巧的回答是，如果我们不能超越现有世界感知到一个更基础更现实的世界，那么我们这个世界是虚拟的还是现实的都不过是一个名字而已，并没有实际意义。

但如果像翟振明在《有无之间：实在的哲学探险》（*Get Real: A Philosophical Adventure in Virtual Reality*）里论证的那样，从本体论上证明了虚拟现实和自然现实的对等性，即虚拟现实和自然现实同等的虚拟或现实，这个问题就会诡异起来。人们的日常生活都变成了一种上瘾行为，谈恋爱分泌多巴胺是上瘾，追求知识或财富享受某种快感是上瘾，一无所求无所事事像个植物人是上瘾，那么人们怎么知道是自己真的在享受生活，而不是某个神级文明在用电极刺激你的大脑，如同缸中之脑一样让你产生快感？某种程度上，我们的神经生物学本身就在干着这样的事情，他们把人的自由意志消解成电极和脉冲。

而不少人会像《黑客帝国》里的尼奥一样在红蓝药丸之间选择真实，这当然是没有理解什么是虚拟什么是真实的表现。电影中，人们之所以有得选，是因为有一个先知以第三视角告诉世人，你们所处的世界是虚幻的。这种神迹在现实生活中从来不会发生，我们不妨以传统伦理学的一个例子来审视这一点。

假设邻居老王和他的妻子很恩爱，老王自己是这么觉得的，作为邻居的你也是这么认为的，直到有一天你发现老王的妻子和别人上床了。这时候你面临一个选择困境了，你可以选择隐瞒，那么老王的妻子依旧对老王很好，老王依旧感觉妻子是爱他的，对老王而言世界并没有什么不同；或者你可以选择告诉老王真相，当然口说无凭，你需要和你同样是第三视角的某种工具比如视频或者照片来证明这一点。然而无论哪种情况，这时你就和《黑客帝国》里的先知一样，前一种情况你会自责会内疚，后一种情况你也许认为应该帮助老王看清真实世界，都是因为你跳离了老王的视角世界。

然而没有人能跳离自己的生活，以第三视角看待自己的生活。你如何知道身边的人不是僵尸？你热爱你的生活吗？

这一系列的思考会让你困惑，抑或享受？笛卡尔说“我思故我在”，人择原理说只有你现在是这样，你才会进行这样的思考。这或许才是我们生活最美妙的地方，一只蝴蝶遇上一个名叫庄周的少年，相视而笑。

每个人都陷入了自己生活的梦境不能自拔，没有可能戒掉。

戴一 | 前《科幻世界》编辑，现从事科技史研究。

火箭跳

作者 | 吴涛

火箭跳（Rocket Jumping），一种在第一人称射击游戏中，用火箭发射器或其他类似的爆炸武器向地面或墙上射击的同时跳跃的技巧。

一

过去几周我一直在玩《守望先锋》（*Overwatch*），这款暴雪公司的游戏在全球范围内很是引发起一场热潮。游戏的内容其实相当简单，12 个玩家分成两队在线相互厮杀，在巨大的封闭区域内竞相达成某个特定目标。比如一方需要护送一辆运输车抵达特定的位置，而另一方则必须阻止它在规定时间内走到终点。每个人可以从 21 个技能各异的角色中挑选一个扮演，包括手持突击步枪的蒙面战士、驾驶粉红色机甲的少女、能变身炮塔的机器人、说法语的狙击女杀手、用肋差反弹子弹的赛博格忍者、瘸一条腿专扔炸弹的澳大利亚逃犯，还有一只自称科学家的猩猩。每一局游戏短则五分钟，长则一刻钟，如果在游戏中死去，十秒后就可以复活。当一场游戏结束时，画面黯淡下去，胜利一方的全体队员摆好姿势出现在屏幕上，本场在最短时间内杀敌最多的选手会有一个精彩回放，然后大家一边看自己的本场得分，一边等待服务器自动安排在 30 秒后进入下一局。除此之外这个游戏几乎什么都没有：没有主线剧情，没有关卡，没有角色升级系统，没有技能树，更没有可以购买并切换的道具与装备。我许多天的日常就是下班之后做一顿简单的晚餐吃，然后开一瓶啤酒，拿一些水果，坐到电脑前，玩上几个小时的《守望先锋》。正值夏至，九点钟时天还大亮着，有时我会暂停一下，出门去散步，看看落日下疯长的野草和洒落满地的槐花，然后在加油站买个冰激凌，在晚霞里边吃边走回家；有时则会一直玩到深夜。

这个游戏让我经常想到 1999 年的《雷神之锤 III：竞技场》（*Quake III: Arena*）。其核心机制与守望先锋几乎别无二致，区别只是《雷神之锤》中玩家扮演的角色尽管外型不同但没有技能差异，并且可以在场内获得并切换不同的武器。那一年我刚上高中，除了《雷神之锤》，我还玩《星际争霸》（*Star Craft*）以及《反恐精英》（*Counter-Strike*）。《星际争霸》是初中开始就在男生极客群体中流行起来的即时战略游戏，《反恐精英》则几乎是那时候网吧里永远的主题。即便在我生活的天津远郊小镇上，在每一天的任何时刻，在任何网吧里，都会有人在玩《反恐精英》——这两个游戏永远都不愁找不到人一起玩。或者应该说，许多时候我是被裹挟着只能玩这两个游戏。

《雷神之锤》不一样。理论上它是个当时在世界范围内非常流行的游戏，但在我的记忆中，它是“这么好的游戏怎么没人玩”的代名词。首先这个游戏很少在网吧的机器上出现——那个时候，局域网对战还是主流，通过互联网对战的平台尚未诞生，所以同玩一个游戏的先决条件是网吧。而即便在装了这个游戏的网吧也很少会有人肯和我一起玩《雷神之锤》，大部分人会在开机之后直奔《反恐精英》《星际争霸》或者某个看起来画面幼稚的网络游戏而去。像我一样先要端详一遍桌面上密密麻麻的快捷方式里面有没有陌生图标的人本不多见，肯花点时间运行一个新游戏看看有什么不同的更是少数。实际上许多时候我去网吧并不是为了与人对战，而是为了看看有没有新装上的游戏，如果尝试之后感觉还不错，我就会跑到音像店，用省下来的午餐钱买一张 15 块钱的盗版，回家装在自己的电脑里。

我已记不起当时为什么会对《雷神之锤》产生兴趣，相比《星际争霸》科幻精巧的风格和《反恐精英》平淡写实的风格，《雷神之锤》系列的画面一直阴暗而血腥。在黯淡沉闷的古堡风格竞技场里，几个面目狰狞的肌肉男女（以及怪物）在高台、深渊、阶梯和传送门之间跳来跳去，使用火箭筒、电浆炮和霰弹枪互相轰击，被击中时发出压抑的嘶吼，在死亡的瞬间炸成碎片。血肉尸块在游戏引以为傲的 3D 引擎渲染下逼真地划出抛物线四散横飞。然后几秒之后重新复活，进入下一轮轰杀和被轰杀的轮回。愿意与我一起尝试《家园》（*Homeworld*）或者《博德之门》（*Baldur's Gate*）的朋友们和我对战几局之后都不能理解这样一个眩晕、抑郁、节奏过快的游戏乐趣何在，纷纷无视我的再三恳求，转去演练“同时释放四个没有缝隙且不交叠的心灵风暴”或者“按下左键的同时甩动狙击步枪爆头”的技巧。所以，更多时候，《雷神之锤》是我一个人与一堆 AI 死磕的游戏。耳机里充斥着当时尚属第一人称射击游戏特有的杀敌通报：First blood！ Double kill！ Killing spree！ Impressive！ Rampage！ Unstoppable！ Mmm-monster kill！ Dominating！ God-like！我沉默地奔跑，腾挪，跳跃，传送，开炮，炸碎别人，被别人炸碎，等待复活，打完一局看分数，然后开始下一局。这让我体会到，没有比你杀死的人不会从网吧的另外一端发出愤怒的叫喊、你也不能走到用榴弹把你轰成渣的人后面戳他的肋骨更孤独的事情了。但无论我怎样再三向别人展示这个游戏的伟大之处，始终没有人入局。甚至它渐渐演变成了一个我的专属笑柄——在其他游戏里发挥太差时，小伙伴们就会说，你咋不去玩你的 *Quake*？

二

这一切直到我遇见 Amakusa 才有所改观。在某个门户网站的游戏论坛里，我参与了一个讨论《雷神之锤》的帖子，并因此与一个 ID 是 Amakusa 的人熟悉了起来。Amakusa 是日文“天草”的罗马字转写，是古老的格斗游戏《侍魂》中的人物，原型为 17 世纪日本岛原之乱的起义军领袖。年代久远，我已经不记得那个帖子究竟在讨论什么，只记得 Amakusa 在里面头头是道地介绍了许多游戏的知识，让我感觉到醍醐灌顶，也由此掌握若干技巧，其中之一是“火箭跳”（rocket jump），也就是在起跳之后立刻往自己的脚下扔一颗火箭弹，爆炸的威力会让自己跳得更高，当然也会因此受到一些伤害。这种以自损为代价的技巧带有几分邪术，可以让玩家抵达普通跳跃到不了的地方，对于逃跑、追击和争夺资源都有助益。于是其他人在练习平铺心灵风暴和甩狙的时候，我在练习火箭跳。与此前不同的是，现在我有了一个可以交流技巧的朋友，在那个论坛和 QQ 上，我与 Amakusa 讨论着玩《雷神之锤》的种种心得，比如跳跃应该放在右键，以便跳起之后迅速按左键射出火箭——直到今天我都在所有的第一人称射击游戏里保持着右键跳的习惯。渐渐地我们讨论的话题开始不限于游戏，我也了解到一些其他事情，比如她其实是个女孩子，比我小三岁还在上初中，却已经拥有自己的网站，并且 Photoshop 用得出神入化——至少在当时的我看来。但我们从来没有真正对战过一局《雷神之锤》。

高三的时候我很少有机会上网，渐渐就与 Amakusa 失去联络。偶尔打游戏，也是以和同学去运动的名义背着父母跑到网吧玩一两个小时而已。高考结束的暑假我被朋友拉去学德语，顺带着玩了好一阵子《魔兽争霸 III：混乱之治》。然后九月份到南方的一所高校报到。一年级新生都还没有买电脑，大家晚上临睡前瞎聊时，我才意识到在那些高考压力比天津大很多的省份，能考上大学的人对游戏的了解接近于空白，有人的印象还停留在红白机时代。于是我以福音传道者的姿态和口吻，向他们介绍了我所了解的当代游戏世界——从沙虫与香料、人类与兽人、李逍遥与赵灵儿、GDI 与 NOD、伊甸园创造器与钢铁兄弟会讲起，一直说到大菠萝如何凶残可怖、塔萨达怎样自爆殉国、劳拉·克劳馥惨死于多少机关、戈登·弗里曼是怎样的沉默寡言。许多个夜晚里我口若悬河，有问必答，一直讲到喉咙沙哑才沉沉睡去，但是我始终没有提起《雷神之锤》与火箭跳。潜意识里我把它当成一个不受欢迎的游戏，一个属于我的怪癖。

终于所有人都陆陆续续买了电脑。那是台式机和阴极射线管显示器占主流的年代，无线网络也很稀罕。当网线布好，最新版的《反恐精英》拷贝进最初的一批机器里后，我坐下来向室友们演示了怎样用一把小手枪连续十次杀死对手，如同验证一个神谕。很快，经典与新潮的游戏塞满每个硬盘，网上邻居里大批的共享驱动器则每天都提供着更多的宝藏。短短半年之后我便跌下神坛，当初瞪着不可思议的眼睛看着我以一当十的同学此时已是抬手爆头的悍匪；而一开始不知道亡灵侍僧召唤建筑之后就不必一直站在那里的室友也可以轻松把我连同一个困难级别的电脑盟友一起打得满地找牙。就连我引以为傲的《星际争霸》，也在系里面遇到骨灰级的对手，不到 15 分钟就败下阵来，输得平淡无奇，找不到任何反击的机会。

所幸我并未对自己游戏水平的下降感觉到挫折，一部分原因是大学里还有其他事情可做，我参加了两个社团，还在学校网站找到一份工作；另一部分原因是我开始担忧自己的未来，试图改变自己对外面的世界一无所知的状况。奈何了解得越多我就越发恐慌，我开始意识到，自己很可能无法适应职场的生活。这种不适应并不是能力上的，我对于自己的水平能够找到一份合适的工作毫无疑虑，让我焦虑的是那种喘不过气来的快节奏与堪忧的生存质量——连玩游戏的时间都没有，可并不是我想要的生活。就在这个彷徨的当口，我在网上又一次遇到 Amakusa。虽然花了一阵子我才意识到此时在好友列表里名叫 1n$4nity（Insanity）的人就是 Amakusa。但念着三年前切磋心得的欣喜，还是试探性地跟她打了招呼。“最近好吗？”“还不错。”“我上大学了。你在哪儿呢？”“纽约。”

三

出国这个念头就这样击中了我。或者说，这样一个为了逃避毕业就杀入职场的“绥靖方案”，其实一直都是选项之一，只是直到此刻，我才开始认真地考虑它。既然高中毕业时误打误撞地去跟朋友学了德语，又对古典音乐和德国唯心主义有些兴趣，不如去德国读个硕士再看看接下来怎么办好了。打定主意之后，心里坦然了不少。我从宿舍里搬了出来一个人住，重新过上自己玩单机游戏的生活，陆续玩了《自由枪骑兵》（*Freelancer*）、《侠盗猎车：罪恶城市》（*Grand Theft Auto: Vice City*）、《英雄本色》（*Max Payne*）、《细胞分裂》（*Splinter Cell*）、《国家崛起》（*Rise of Nations*）、《战锤40000：战争黎明》（*Warhammer 40,000: Dawn of War*），还有《半条命 2》（*Half-Life 2*）。这些游戏伴随我度过南方的炎热夏日和阴冷冬季，没有什么比玩游戏到一点半饥肠辘辘地翻出校门，去街边唯一开着的小馆吃到一碗牛肉米粉更能慰藉心灵，而肠胃暖和地回到住处一头扎进梦乡也是按时作息的人们鲜有体会的幸福。

2005 年的大三夏天我搬回宿舍，同年也发生了一件大事：《魔兽世界》（*World of Warcraft*）上线。我义无反顾地化身成一个暗夜精灵德鲁伊，投身到艾泽拉斯世界中去。仍旧记得那个夜晚，室友们都已入睡，我被一个奇特的任务指引，从黑海岸一路跋涉抵达铁炉堡和暴风城，走出地铁沿着运河来到城门口的英雄谷中，仰望图拉扬和卡德加的塑像，听着激昂的暴风城主题音乐响起，感到浑身热血沸腾。第二天，在围观了暴风城的胜景之后，全宿舍八个人中有五个开始和我一起玩魔兽世界，在同一个服务器上，加入同一个公会，一直到大学毕业离开为止。

得益于Amakusa的指点，我的留学申请过程相对顺利，毕业后如愿来到德国开始读研究生。初衷当然还记得，虽然偶尔去听一听古典音乐，但唯心主义的书一本都没有买。我一如既往地玩游戏，并且很快就意识到，在我和这些吃着不同食物、读着不同文学、听着不同音乐、在不同意识形态下长大的德国同学们之间，电子游戏几乎是唯一的文化共同点，一群宅男从雅达利（Atari）聊到山寨Apple II的中华学习机和风靡欧洲的Commodore 64之后就有了共同语言。有个骑Vespa上学的胖子听说我玩过《星际争霸》便拉着我对决，被我连着虐了一周之后才终于悻悻地放弃挑战。我甚至还找到人打了一局《雷神之锤》，只是对他们来说，这是个没有什么特殊意义的过气游戏，而我也早已技艺生疏，所以也就只打了那么一局而已。没过多久我又在欧洲的《魔兽世界》服务器上重操旧业，仍旧是暗夜精灵德鲁伊，并且加入了一个小公会，名字很中二地叫作 Primordial Phoenix，“原初凤凰”。经常一起组队的好朋友包括一个苏格兰精灵牧师，和一个侏儒魔法师，是个波兰姑娘。这游戏依旧让人愉快，但远不复六个赤膊汉子在宿舍里大呼小叫杀黑龙的胜景。后来公会会长，爱尔兰的矮人圣骑士弃会去打《星战前夜》（*EVE Online*），活动废弛，我也就渐渐不怎么上线，并在此后的每一次资料片升级都重复着激活账号—练满级—加入小公会聊天—长期离线—取消付费的循环。

一直努力闪避的职场终于在研究生毕业之后捕获了我。与继续读博的痛苦相比，这条路看起来有更多时间打游戏。拿到入职第一笔工资的当日我去买了一台 Xbox 360，开始玩《王牌空战》（*Ace Combat*），一款从初中开始玩第一代、如今已是第九代的飞行模拟游戏。Amakusa 倒是去了麻省理工读博，不过以她的智慧，一边读书一边玩游戏显然并非难事，一问之下她果然早有一台 Xbox。于是在结识将近十年之后的一天清晨，我们迎来突如其来的第一次联机对战，游戏是《使命召唤：现代战争》（*Call of Duty 4: Modern Warfare*）。我得以第一次近距离目睹她的游戏天赋，如同目睹一只狮子突入羊群。左冲右突，手起枪落，一会儿引导炸弹，一会儿招来一架雌鹿直升机，她将地图上的敌军悉数杀得干干净净，一人独得十八分，仅仅死了一次。而我则在从高台上跳下的过程中枪榴弹走火把自己炸死。“你怎么死的？”“……火箭跳失败了。”两个人一起大笑起来。

又过去两年，Amakusa 来德国参加男友亲人的婚礼，我得以与她在 meatspace 中相见。对游戏迷来说，cyberspace 才是真实的存在，而身处的这个世界，只是困住我们肉身的 meatspace 而已。现实中的 Amakusa 不是披头散发手持宝珠，也没有一身肌肉扛着火箭筒，她就是个普普通通的姑娘，比我矮一点，很瘦，总是微笑着，性格很爽朗。我不确定这算不算“见网友”，这个词多少有些此事并不寻常的意味。当然此事的确并不寻常——十多年里素未谋面、只在网上有所交流的朋友，我也仅此一位。只是，在习惯了游戏世界才是第一本位、一起打游戏才是正常生活之后，是否还需要在这个不能朝脚底下扔一颗火箭弹只为跳得高一点的世界里见面，并没有那么重要。

吴涛

一九八三年生，程序员。现居德国，喜欢旅游和烧烤。

执行策划：

荣　妍（熬夜大师修炼手册）

傅丰元（数字成瘾报告）

Lobby （被误解的内向者）

不知知（虚拟偶像）

微信公众号：离线（theoffline）

微博：@ 离线 offline

知乎：离线

网站：the-offline.com

联系我们：AI@the-offline.com

逃离青年危机：

当代焦虑生活诊疗手册

胡　南　主编

被误解的

内向者

電子工業出版社
Publishing House of Electronics Industry
北京 • BEIJING

图书在版编目（CIP）数据

逃离青年危机：当代焦虑生活诊疗手册. 被误解的内向者 / 胡南主编. -- 北京：电子工业出版社，2021.4
ISBN 978-7-121-40195-4

Ⅰ. ①逃… Ⅱ. ①胡… Ⅲ. ①焦虑－心理调节－青年读物 Ⅳ. ①B842.6-49

中国版本图书馆CIP数据核字（2021）第010832号

责任编辑：杨雅琳
印　　刷：河北迅捷佳彩印刷有限公司
装　　订：河北迅捷佳彩印刷有限公司
出版发行：电子工业出版社
　　　　　北京市海淀区万寿路173信箱　邮编 100036
开　　本：720×1000　1/32　印张：7.75　　字数：150千字
版　　次：2021年4月第1版
印　　次：2021年4月第1次印刷
定　　价：98.00元（全四册）

凡所购买电子工业出版社图书有缺损问题，请向购买书店调换。若书店售缺，请与本社发行部联系，联系及邮购电话：（010）88254888，88258888。

质量投诉请发邮件至zlts@phei.com.cn，盗版侵权举报请发邮件至dbqq@phei.com.cn。

本书咨询联系方式：（010）88254210，influence@phei.com.cn，微信号：yingxianglibook。

内向者

被误解的内向者

这颗星球对于内向的人而言似乎不太友好。内向者羞于砍价，容易被瓜农肉贩以及淘宝店主欺压。内向的人需要极大的勇气才能与陌生异性搭讪，费尽心思写的示爱程序或者三行情书，常感动了围观群众却没能打动当事人。内向性格等同于反应迟钝、木讷、愚钝、消极厌世，绝不是一个好的同事、朋友或者伴侣。内向者更无缘于企业或政界管理层：让一个平时讲话都哆嗦的人领导一家公司？别逗了。

但我们忘了，大量内向者从小被教育这是一个丛林社会，他们“伪装”成性格外向、作风强势、言辞犀利的人——尽管这需要耗费他们极多的精力——渗透到这颗星球的每个角落，成为律师、歌星、顶尖互联网公司CEO、著名投资者、饱受学生追捧的大学教授。我们不加区分地把这些内向者当作外向典范，“世界属于外向者”的迷思也不断得到强化。

借助心理学和神经科学的研究，我们得以放下偏见、真正接触到内向者的“默认状态”。《内向者：这颗星球的“二等公民”》带我们分析了典型内向者的习惯和特质，解释了为何内向者同样可以胜任外向型的工作、内向者独具的优势以及需要额外付出的努力。文章一并回顾了外向性格如何登上神坛，随着互联网改变了人们的交际方式，未来外向性格能否持续受到追捧似乎不那么确定了。

《阿斯伯格，不会读心术的“内向者”》关注的是一个有点特别的“内向群体”，他们不像我们通常意义的内向者一样对他人的情绪、期望有敏锐的把握，因为这种心理敏感而倍感焦虑。恰好相反，正像《生活大爆炸》里的谢耳朵，阿斯伯格患者需要处在一个有秩序或熟悉的环境中，他们不能读懂他人的表情和暗示，甚至缺乏你我他的概念，无法和他人进行积极互动。因为先天缺失这种“读心术”，他们不可能表现得外向，没能逃过“性格孤僻”的误解。文章介绍了相关学科如何理解阿斯伯格以及更一般的自闭症患者群体，他们得到了哪些来自“外向星球”的支持。

《没有自我的画家》带我们进入了这样一个患有阿斯伯格症儿童的生活里，作者萨克斯医生希望能像和普通人交朋友一样进入这位患者的内心，但这个过程并不容易。

内向者：
这颗星球的“二等公民”

作者丨李奇

你绝对不想把“性格内向”写进简历里，承认自己内向简直跟下定决心出柜一样难。

作为一个在 MBTI[①] 中的“内向”方向上无限接近满分的“内向星人”，娶了一位做销售的外向女性的结果是：我们经常在莫名其妙的点上吵架。

最让我困惑的是关于“休息”的定义。妻子概念中的休息就是找一大帮朋友一起吃饭聊天，与这一群同样是销售出身的朋友的所谓吃饭，感觉就是一场比赛，需

---

① Myers & Briggs Type Indicator，迈尔斯 - 布里格斯类型指标，一种性格分类理论模型，其基本理论来自瑞士心理分析家卡尔·荣格 1921 年出版的书籍《心理类型》。

要在谁可以同时与更多的人说话这件事情上分个高下。

每当这种时候，光是身处其中我都感觉大脑内的“处理器”已经超频工作到冒烟，剩下的“资源”只能勉强分配给大口吃东西这件事，哪儿还有精力去回应甚至发起一个话题？这种大脑被迫进入休眠状态的结果就是被妻子教训：

> “你为什么摆着一张臭脸？”
>
> “你为什么要这么高冷？大家都在聊天你怎么也不参加？”
>
> “你怎么不招呼大家？”

然后我就从半死机状态进入全死机状态。

如何鉴别内向星人

据说内向星人在这个星球上有一个殖民地叫芬兰。村上春树大叔在《没有色彩的多崎作和他的巡礼之年》里写到一个很好心但“一副怒气冲天的模样”的芬兰老爷爷，被故事的主角多崎作问路后一声不吭就把自己的自行车放在路边，自顾自帮多崎作开车到目地的，又沉默地下车回去找自己的自行车，高冷到一塌糊涂。在

Reddit 上有个讨论，说到芬兰人内向到了多么令人发指的程度。

摘录其中的一部分大约是这样的：

> 笑话：外向的芬兰人跟内向的芬兰人有什么区别？外向的芬兰人说话时盯着你的鞋子，内向的芬兰人说话时盯着自己的鞋子。
>
> 如果你没什么有意义的话要说，那就不要说话，沉默一点也不尴尬。
>
> 不要接近任何人，我们芬兰人的私人空间大得出奇。

而且据说芬兰人是这样等汽车的（大约 5 米的个人空间神圣不可侵犯）：

同为内向星人的美国作家苏珊·凯恩（Susan Cain）写了一本书——堪称内向星人寻找自我的指南——叫《安静：内向星人如何在外向星生存》（*Quiet: The Power of Introverts in a World That Can't Stop Talking*）。

凯恩女士在书中提供了几个方法，用来鉴别（以及自测）内向星人，例如：

1. 喜欢独处
2. 喜欢用文字来表达自己
3. 喜欢一对一的谈话，一大群人让你压力很大
4. 讲话之前要先思考好久（所以通常吵架能力比较差）
5. 不会聊天（有明确目的时可以聊出花来，但是不明白“闲聊”是个什么东西，于是经常尴尬地沉默）

过去在给企业做人才测评培训的时候讲到内向与外向时，我通常会用这样一个问题来进行简单测试：

假如你做一个项目，加班了几个月，终于大功告成，那么此时你更喜欢与三十几名同事一起开 party 庆祝，还是回家睡觉？如果你选择开 party 庆祝，那么你更有可能

是一个外向的人，如果你选择回家睡觉，那么你是内向的可能性更大一些。

总的来说，内向的人喜欢独处，思维活动更加指向内心，更内省，更为敏感，专注力更强，疲倦的时候需要通过独处的方式进行“充电”。

拥有丰富“内心戏”的人

心理学大咖汉斯·艾森克（Hans Jürgen Eysenck）在20世纪60年代大学里讲课的时候，喜欢在课堂上做一个演示实验，把柠檬水滴在学生的舌头上，看看谁分泌的口水比较多。这个像开玩笑一样的实验其实结果非常稳定，内向的人在口水大赛中几乎总是毫无意外地胜出。凯恩女士在书中说：“有多少内向的人比较敏感呢？这个我们不知道。但是70%的高敏感人群是内向的，另外的30%也需要很多‘离线时间’（down time）。”

这种敏感有两个体现。第一是相同外界刺激的情况下，内向者感受更为强烈。第二，正因为在相同刺激的情况下内向者感受更强，所以他们脑子里会自发产生很多信息和想法。在外界刺激匮乏的情况下，比如独处时，外向的人可能会觉得无聊得难受，但是内向的人因为有丰富的“内心戏”，所以根本不觉得无聊。

这可能就是内向的人更喜欢也更擅长独处的原因。“内心戏”丰富的他们，可以更多地把注意力指向内部，而不需要向外部寻求大量的刺激。

正因如此，内向的人通常会回避接触过量刺激。因为对外向的人来说，可能信息只是一个个的单点，但是对内向的人来说，这些单点会像烟花一样在大脑中绽放，形成一层、两层、三层更复杂的信息。

“动机在杭州”老师对于内向者的敏感有一段颇有心得的描述：

> 问大家一个问题，如果我和另一个敏感内向的人，比如阿春老师，在房间里谈话。这个房间里总共有几个人？起码有六个人。
>
> 我，阿春老师，我眼中的阿春老师，阿春老师眼中的我，我设想的阿春老师眼中的我，阿春老师设想的我眼中的她……这个循环其实没有穷尽。所以一个人在处理这么多的信息时，当然会变得非常累。

也就是说，内向的人其实很容易因自己的敏感而信息过载。这也解释了为什么他们更喜欢一对一的深入交谈，而不喜欢三五十人的大聚会。

有一项心理学实验，可以比较直观地体现这种差别，实验者请内向和外向的人戴上耳机完成一些任务，同时，把耳机的音量调整到他们认为“刚刚好最舒服”的状态，外向星人平均会调到 72 分贝，而内向星人则会调到 55 分贝。

某冰激凌店老板张春出过一本集子《一生里的某一刻》，其中有一篇写张春和她的一个朋友，就是一个非常有趣的内向星人与外向星人的对比。她说，人的能量有 70% 用在思绪上，而她的朋友 Mona 却是一个“没有思绪的人”。内向的作者善于提出想法却容易犹豫，而她（Mona）善于简洁地做出判断和决定，然后不再左顾右盼地执行下去。她说做同样一件事情，自己经常已经筋疲力尽，但 Mona 还像没事儿人一样。

威斯康星大学的心理学家约瑟夫·纽曼（Joseph Newman）说：“如果说我们有 100% 的认识资源，那么内向的人只会把 75% 的资源放在任务本身上，而另外 25% 在监控自己是如何完成任务的。而外向的人 90% 的资源都会放在任务上。”

内向星人能力不差

在这个外向星人主导的世界中，“内向”是个贬义词，它与害羞、能力低下等一系列概念联合起来，一旦被贴上“内向”的标签，你会被视为不擅长社交、演讲、与人沟通或做管理工作，被认为无法适应这个社会。“性格内向”这个表述是你绝对不想写进简历里的，甚至有人造出一个词叫“衣柜内向者”（closet introvert）来说明承认自己个性内向在当今社会有多么的难（承认自己内向就像“出柜”一样难）。这迫使内向者觉得自己需要摆脱这个“第二等公民”的身份。相反，“性格外向”则可以堂而皇之地写入“个人优势”一栏。

苏珊·凯恩说：“我们接受的是这样的教育：伟大意味着勇敢，幸福来自社交，我们把自己的国家看成外向人的乐园。”“我觉得我们的价值体系建立在一个外向理想人格基础上，所有人都相信理想的性格是合群、一呼百应，并且喜欢站在聚光灯下。”

实际上，在我们试图了解某个人的个性特征时，一件非常重要的事情就是不要把性格的倾向与能力联系起来。通常，性格是与生俱来、很难改变的，而能力则可以通过各种方式进行训练。在大家的刻板印象中外向星人才能做好的事情，其实内向星人做得没有那么糟糕。甚至，如果一个团队里都是像 Mona 那样干脆和果决的人，整个小组更有可能因为对问题的错误估计而陷入死胡同。

凯恩在书中分享她去哈佛商学院参观的经历，感觉好像进入了另一个物种的群居动物栖息地一样。那里好像每个人都是自来熟，热情地跟大家称兄道弟，即使是吃午饭这样的事情也像某种规定必须参加的集体活动一样，而教授们更是以参与讨论的多少而不是发言的质量来判断学生的能力和投入程度。如果你能神情坚定地侃侃而谈，那么你就是未来领袖没错了。

凯恩采访了一位名叫唐的性格内向的学生，他在这样的环境中感到非常痛苦，因为他只有认为自己的发言能给大家讨论带来实质性贡献的时候才会发言，而不是像他的同学那样，还没有理解问题是什么就开始大大咧咧地表达观点。同时，他觉得自己需要很多独处的时间，而哈佛商学院似乎有一种“必须合群”的潜规则。从每天早上强制参加的一个半小时“学习小组”讨论开始，到课堂讨论，再到下课时间的交谊活动，给人的感觉好像这里的学生上厕所都是一种团队活动。

然而，外向是商业成功的一项必备素质吗？未必。

比尔·盖茨就是内向成功人士的代表，埃隆·马斯克也被他的传记作者描写为一个有点拘谨、与人交谈需要一些时间来热身的人。管理学教授布拉德雷·阿格尔（Bradley Agle）研究了128家大型企业的CEO，发现那些有所谓“人格魅力”的CEO并不比那些沉默寡言的CEO做得更好，他们只不过薪水更多而已。《从优秀到卓越》的作者吉姆·柯林斯（Jim Collins）写到管理奇才达尔文·史密斯（Darwin Smith）的故事。这个把一家小公司做成全球纸业老大的男人，说话声音不高，看起来有点害羞。他平时最喜欢的休假方式就是在自己威斯康星的农场上一个人闲逛。

沃伦·巴菲特也是一个内向的人，这也反映在他谨慎的投资风格中。凯恩女士说他是“一个经典的实例，展示了内向的人对风险的小心、精准的把握”。事实上，巴菲特的投资风格也许有其神经学基础。有实验表明，内向的人在延迟满足（delayed gratification）上表现更好。2004年，哈佛大学的心理学家兰迪·巴克纳（Randy Buckner）的一项研究表明，内向的人比外向的人在前额叶的一些区域拥有更厚的灰质，而前额叶恰好是与抽象思维、决策与执行控制紧密相关的脑区。也许正是这种个性倾向，才成就了巴菲特不屑于快进快出的心跳游戏、几十年如一日地坚持长期价值投资的投资原则。

另一项普遍的偏见是内向的人通常不是一个好的演讲者。苏珊·凯恩在书中举了心理学家布莱恩·利特尔（Brian Little）的例子。利特尔是一位人格心理学家，曾获得被称为“大学教学界的诺贝尔奖”的3M教学奖（3M Teaching Fellowship）。他讲课非常幽默风趣，时不时穿插一些小笑话，在讲台上转圈圈跳个舞，把课程讲成了脱口秀，每次上课都吸引了一大堆学生站着听讲。

然而，这位名师平时住在远离城市的林间小屋里，不喜欢社交活动，即使参加社交活动，也会早早地找借口开溜，拉一个自己的好朋友躲角落里私聊。

利特尔老爷爷在一场TED演讲里提到了自己的内向与讲课之间的关系。他提到自己虽然可以把课讲得很好，但这是一件很消耗“能量”的事情。他经常需要回到一种独处的状态来“补充能量”。比如说，在演讲前后溜到厕所隔间里休息一下。他还说自己真是不能理解外向人的脑回路，有一个外向的同事进了厕所后竟然隔着墙跟他打招呼，差点吓得他半年拉不出屎来。

内向者的能量管理

在讲到内向/外向的时候，我们经常会提及所谓的“能量”。内向的人在社交场合是消耗能量的，他们需要独处来补充能量。这个“能量”究竟指的是什么？

加州州立大学的心理学家罗伊·鲍迈斯特（Roy Baumeister）提出的“自我耗竭”（ego depletion）的概念或许可以提供某种参考。其核心理论是，大脑的控制力是一种有限的资源，用一点少一点。这可以用来解释一些现象，比如大脑在处理任务的时候（例如记住一串数字），如果给你罪恶的巧克力曲奇和健康的萝卜蔬菜水果沙拉，你更容易选择口感好但会让你发胖、吃了之后还会内疚的巧克力曲奇。因为大脑处理任务的过程已经消耗了一部分资源，分配给选择食物时自我控制的资源就相应减少了。再比如，如果你已经发挥了自控力，选择了健康食品——这会消耗一部分资源——在后面需要继续发挥自控力的体能测试（紧握握力器看谁先放弃）中，你就更有可能会输给那些满足了自己罪恶口欲的人。同样地，我们工作一天之后更难拒绝邪恶的身材杀手——夜宵，跟客户吵架后回到家我们更容易迁怒家人。

鲍迈斯特认为，这种“能量”可能并不仅仅是一种比喻。实际上，一个人在进行复杂的心理操作时，我们能利用仪器观测到他的血糖水平正在下降，这跟运动员运动时血糖下降并无二致。《美国国家科学院院刊》（*Proceedings of the National Academy of Science*）曾经发表过一篇文章，实验对象是以色列的假释法官，他们的任务就是批准或驳回囚犯的假释请求。实验发现，当这些法官比较饿（血糖水平比较低）的时候，他们更倾向于驳回囚犯的假释请求。也就是说，在一个人没有“能量”的时候，他们倾向于选择自己的“默认选项”。（对法官来说，驳回是默认选项，批准假释则是需要好好斟酌的高级选项。）

换句话说，自控力有点像电池，用完了就要进行“充电”。而对内向的人来说，将注意力指向内心就是他们的默认状态，这也是为什么我会特别喜欢在上课时以“当你加班了一个月”为前提来观测大家的回答。当你没有能量的时候，你的选择才是你真正的人格倾向，也就是你的“默认选项”。

内向的人可以做那些需要一些外向特质的工作，比如销售[①]、CEO、演讲家等。但是在做这些事情的时候，内向的人会比外向的人需要更多的“能量”，来改变自己的默认状态。所以，如果你是一个内向的人，而你又

① 实际上，有的企业认为内向的销售有其独特的优势，因为他们更擅长倾听，所以为客户提供解决方案的专家型的销售里，可能有相当比例的人比较内向。

不是奥田英朗[①]，那么你就需要提升相应的技能，并且付出更多的能量改变自己的默认状态。

利特尔老爷爷说，他之所以这么内向还这么喜欢讲课，主要有两个法宝。第一是给自己“充电”的时间，比如时不时去卫生间隔间里躲一下，放假时去自己的林间小屋住一住，一个人钓钓鱼看看书写写东西。第二大法宝是，他说你一定要明白什么是自己的生命中重要的事（life’s project）。在他看来，教学是他的生命中最重要的事，所以他愿意付出更多的努力来克服自己注意力指向内部的天生倾向。

外向性格的迷思

苏珊·凯恩在《安静》一书里提到，我们现在的文化已经是一种“推销员”（salesman）文化，我们推崇的理想型就是一个推销员的形象。卡内基（Carnegie）的人生——从一个农场上长大的乡巴佬，到成功的推销员，再到演讲培训家的历程——就见证了这种“外向理想人格”一步步走上神坛的过程。

① 超级神经病的治愈系小说《精神科的故事》的作者，他突然有一天“决定自己要做一份不怎么需要与人打交道的工作”，开始写小说。

沃伦·苏斯曼（Warren Susman）这样描述这种变化：我们从一种“品格的文化”（Culture of Character）转换到了一种“性格的文化”（Culture of Personality）。在“品格的文化”时代，人们的理想性格形象是严肃的、自律的和可敬的。在这种文化里，重要的与其说是一个人给别人留下的印象，倒不如说是他在私底下如何表现。而以卡内基《人性的弱点》为代表的“性格的文化”则把关注的焦点放在“别人如何看待我”。苏斯曼有一句非常有名的论断，他说：“新兴的‘性格的文化’对人的社会角色期望是：人人都是演员。每一个美国人都成了演员。”

这种对于“推销员”性格的崇拜其实有一个肤浅的来源：城市化。

卡内基的成长历史就是这种城市化的一个缩影。一开始，他生活在一个每个人认识每个人的小村庄，此时大家都知根知底，想要通过“表演”来博得大家的好感难上加难。然而，当卡耐基从小村庄来到大城市后，突然之间所有人都变成了陌生人，用博弈的理论来说，所有的重复博弈都几乎变成了一次性博弈。在短时间内建立良好关系的能力，自然成为巨大的博弈优势。而这恰巧是外向性的人所擅长的。内向人喜欢的“窄而深”的交往模式在新环境里完全跟不上节奏。

更多的人也意味着更多的外界信息刺激，这让内向者的大脑多多少少有点过载。电视剧《基本演绎法》里的现代版福尔摩斯（是的，福尔摩斯明显是一个高技能型内向星人）说："如果这个世界能更安静一点，我是不是会更专注，变成一个更好的人？"

另一个背后的趋势是合作的复杂化，在动辄成千上万人的合作关系中，更擅长处理高强度信息的外向星人更显示出了他们的优势。

文化总是向强者认同。外向型的理想人格，也从其最经典的"销售员"原型扩展到了其他领域。我们似乎想要求所有人都变成销售员，变成外向的人。

IBM 曾要求全公司的人上班时间一起就着《雨中曲》（Singin' in the Rain）的旋律高唱："We're selling IBM~ What a glorious feeling, the world is our friend.（我们卖 IBM，世界都是好朋友，感觉棒棒哒！）"。

甚至办公室空间布置也产生了潜移默化的变化。现代的公司开始推进开放式的工作空间，所有人能看到所有人，所有人能听到所有人。如果你不知道以往的办公室环境是怎样的，可以对比一下《黑客帝国》里 Neo 工作的 IT 公司和现在的 IT 公司。Neo 时代的办公室中每个人都有一个小格子，彼此是看不到的。而现在的互联网公司则普遍像一个大广场。一些程序员对此感到暴怒，因为他们在公司中不断受到干扰，只有在晚上独自干活的时候才能嗨起来。

同样，学校里也在推广这种外向型人格，性格内向的孩子被认为不聪明、不合群或社会适应性不良。很多课程开始使用讨论的方式和圆桌讨论组的座位排布方式，甚至数学课这种本质上理应孤独的学科，也开始使用讨论的方式。苏珊·凯恩在书中就吐槽：这是数学耶，有什么可讨论的？

事实上，在涉及创造力和生产力时，被吹到天上的"团队协作"并没有大家想象的那么好。

IT 圈里有一个著名的实验，实验发起者是工程师兼作家和咨询师的汤姆·德玛珂（Tom DeMarco）和他的同事蒂姆·利斯特（Tim Lister），实验内容是通过所谓的编程大战（Coding War Games）来研究优秀的程序员和糟糕的程序员有什么差别。他们发现资历、薪水，甚至花多长时间完成任务都不能解释编程质量的差别。资历年限完全没影响，而中等以上的程序员与中等以下的程序员薪水相差不到 10%，花多长时间这个指标干脆是负相关。那些"零瑕疵"的工程师反而花的时间更少。

他们还发现，同一个公司的程序员水平惊人地相似，这说明工作环境可能是个重要的因素。数据也证实了这一点。最优秀的程序员中有 62% 表示他们的工作环境有足够的私密性，而这个比例在最差的程序员中只有 19%；只有 28% 的最优秀的程序员说自己在工作中经常受到不必要的干扰，而这个比例在最差的程序员中则高达 76%。

更多的实验也证实，开放的工作空间会影响注意力、记忆力，让人心率加快，变得易怒，皮质醇水平升高引起压力和焦虑等。

在涉及创造力时，当今社会也有一种“集体思维”的迷思，“三个臭皮匠，顶个诸葛亮”是大家普遍接受的思想。连马尔科姆 · 格拉德威尔（Malcolm Gladwell）也说：“知识经济的基础——创新，从本质上来说是一种社会行为。”

史蒂夫 · 沃兹尼亚克（Steve Wozniak）却明确反对这种“集体思维”的思潮，他说：“如果你是那种罕见的、集发明家和艺术家气质于一身的工程师，我要给你一个可能有点逆耳的建议。这个建议是：要独自工作。如果你想做出革命性的产品和功能，那么你最好自己做。不要什么团队。不要什么委员会。”

心理学家埃里克森（Anders Ericsson）曾做过研究，把一群音乐学院中的小提琴手按优秀程度分成上中下三组，他发现三组花在练习上的时间是几乎一样的（每周50多个小时）。不同在于，最优秀的那组每周花24.3小时用于独自练习，而最差的那组则只花了9.3小时。他认为这很容易理解，因为真正的“刻意练习”（Deliberate Practice）只能独自进行。很多人在一起的时候，你没法专注于练习专属于自己的难点，必须分出很多精力去照顾他人。这有点像龙应台所说的“……两个人一起走时，一半的心在那人身上，只有一半的心，在看风景。要真正地注视，必须一个人走路。一个人走路，才是你和风景之间的单独私会。”

内向星人归来

外向型人格是否会一直稳坐在社会期望的神坛上？

当代人越来越多地生存在人群中，但为“生存必需”而接触他人的必要性反而越来越低。即使在公共空间中，手机这种装备也可以瞬间打造一个隔离泡泡。“玩手机”的时候，人在那里，却又不在那里。手机就像是内向的人可以随身携带的“壳”，想不到该和身边的人说什么话，随时捧起手机撤退其中就好。

技术和社会的发展也在减少着社交压力。曾经跟一起做人才测评项目的领导开玩笑：其实很多产品就是为内向者开发的。比如打车软件，说你的司机是人形机器也不为过。我曾经试过用滴滴打车的时候一言不发，恰好司机也是一个沉默寡言的人，于是我们就舒服地一路无话，直接按导航走到了目的地。在线订票、订房间，可以完全省去与客服打交道的口舌。去银行取钱也不用跟人说话，甚至现在很多银行连开证明这样的事情都有专门的机器来负责了。很多网站上根本找不到人工客服，但是你只要输入关键字，自有人工智能帮你回答问题，也不用担心会遇到一个让人想骂街的客服。实际上，并不仅仅是互联网或软件带来了这种体验，像超市这样的建制也是一样，收银员对你来说跟机器并无区别。他是一个人，但你不需要跟他产生任何社交。

外向型理想人的原型是销售。更具体地来说，其实是上门推销员（door-to-door salesman）。施乐在最鼎盛的时期被认为是最懂销售的企业之一，但它的策略其实有点简单粗暴——扫楼。产品的丰富和购买力的提升带来了销售的兴旺，而信息的透明化则必然导致销售一定程度上的衰弱，至少对于简单和标准化的产品来说是如此。与其信任一个陌生的销售人员，还不如在购物网站上看看成千上万人的评价。这种依靠信息不对称盈利的模式，必然随着信息的透明化产生天翻地覆的变化。未来，人的注意力仍然是稀缺的资源，但争抢这种资源和帮助每个人进行信息过滤的将不再是人，而是算法。

随着在线协作软件和在线学习平台的兴起，远程工作、学习的能力也变得越来越普遍。现在已经有成千上万的人在开源软件项目中协作，在维基百科上共同编写内容，或通过 MOOC（Massive Open Online Course）平台学习新的知识，而他们可以全程待在家里。未来随着城市的膨胀和居住、出行成本的上升，选择远程工作的企业和人将越来越多。

很多依赖于人与人直接接触的工作方式也在发生改变或逐渐衰落。例如一家硬件厂商的老板在分享中提到，以前要做硬件的调研，除了上街拉人之外也没什么好办法，而现在，只要在产品论坛里发发贴就行了。

同时，个人开发者做出平均水准以上的产品，并被全世界的人使用也越来越容易了。这意味着工作也可以越来越不依赖于他人。《像素鸟》（*Flappy Bird*）就是一个典型的例子，作者可以连房间都不出，就做出让全世界着迷的产品。事实上，随着云计算服务、各种软件和开源资源的丰富，社会合作增强了，真正需要社交成分的“协作”反而在减少。

人类其实已经在不知不觉中变得更孤独了。也许有一天，我们跟 AI 说的话要比跟人说的话还多。那个时候，是不是轮到内向星人统治地球了？

李奇 | 一只在校风自由散漫的大学里读了物理学和心理学的产品汪。人生愿望是获得自由。

阿斯伯格，不会读心术的“内向者”

作者 | Tina

程序员的工作挺适合这类人群，但不要把他们和程序员混同了。

说来也巧，决定写这篇文章的时候，我们的实验室里正好有一位阿斯伯格症/高功能自闭症（Asperger syndrome/High-functioning Autism）① 患者在参与一项知觉学习实验。在这个实验中，他既需要注意屏幕中间出现的字母，也需要报告左上角一条斜线的朝向。而坐在对门

① 关于阿斯伯格症是否等于高功能自闭症（没有智能障碍）仍有争议。阿斯伯格症属于泛自闭症谱系障碍，其重要特征是社交困难，伴随着兴趣狭隘及重复特定行为，但相较于其他泛自闭症障碍，仍相对保有语言及认知发展。

的我，总是能听到他不断地在小声和自己说话："看中间，有一个字母 T……啊，别忘了左上角的斜线……刚才出现的是水平直线吗……"这项实验一共持续九周，在第五周的时候实验细节会略有调整，主要考察其泛化能力（generalization ability）。[①]

在这九周时间里，每周三中午 12 点整我会按约在巴士站接他，或者说是迎接一位内向的、安静的并且不爱带手机的中年男子。通常，我们各自遵守既定的规则准时来到约定的地方，即使没有手机联系也没有出任何岔子。可有一次，左等右等都没有见到他的影子，试图电话联系他却未果的我和导师都很担心，不知到底发生了什么状况。终于，一个小时后姗姗来迟的他告诉我因为在这之前他约了见牙医，但是医生迟到了半个多钟头，所以

① 泛化能力指的是我们能够将学到的行为和概念应用到其他的不同环境中去的能力。行为泛化恰恰是对自闭症患者进行辅助治疗 / 行为干预时常常遇到的问题。比如，理解"动物"这个概念对自闭症儿童来说并不简单。当你努力地通过一张张图片举例说明什么是狗、什么是猫的时候，你可能会很沮丧地发现自闭症的孩子在看到一只新犬种的时候，并不能将之前学到的关于狗的概念泛化，认出新的、没有见过的狗，甚至更难将狗、猫以及其他动物的核心特征进行整合从而推断出"动物"其实是一个多种多样的概念。

才导致他迟到。当时我就在想，在已经发现牙医迟来的时候，即使没有带手机，你也可以借诊所的电话打个电话提前告诉我们呀！

可是我知道，他其实真的不知道我们当时内心有多着急。

“读心术”和泛自闭症

设身处地体会他人的感受和想法对阿斯伯格症患者而言并不是件容易的事，事实上，这种能力的缺乏在泛自闭症谱系障碍（Autism Spectrum Disorder，一般缩写为 ASD，以下简称为“自闭症”）患者中广泛存在，阿斯伯格只是这个谱系中的一个群体。

“换位思考”的能力，在学术界又被称为心智理论/心理理论（Theory of Mind）。简单地说，这是每个人理解他人心理状态的一种能力，包括别人的意图、期望、思考和信念等。有时，它也被通俗地称为“同理心”或者“读心术”。你可别小看这种能力，它其实是撒谎的必备条件之一。只有当你能够准确猜测别人想法的时候，在“杀人”游戏中扮演“杀手”的你，才能够做到一本正经地胡说八道，编织谎言和“无杀人动机”证明而不被揭穿。

心智理论并非与生俱来。儿童心理学家们通过实验发现，小朋友们只有在长到一定年纪后才能获得这种能力。下面这个测试叫作 Sally-Anne Task（莎莉与小安任务），它就是儿童心理学家们用来检测小朋友换位思考能力的办法之一。

图中左边红头发的莎莉有个篮子，右边黑头发的安有个箱子。准备出去玩的莎莉将她的红色弹球放进了篮子里。趁莎莉不在，安将弹球从莎莉的篮子中取出，放进自己的箱中并盖上，然后也走了。莎莉回来后想找回她的弹球。这时问题来了，测试员会问小朋友，莎莉会先打开篮子还是箱子呢？

拥有换位思考能力的人认为莎莉会去她的篮子里找弹球，因为她又没看到自己不在的时候安对弹球做了什么。如果你的选择也是这样的话，恭喜你通过了我们的错误信念任务测试（false belief task）。

一般来说，小朋友在四岁到五岁之间会陆续通过这项任务测试[①]，自闭症儿童却有显著的延迟，甚至根本无法通过这个测验[②]。另外，对于需要心智理论的其他任务，

---

① Wellman et al., 2001.

② Baron-Cohen, 1993; Baron-Cohen, Leslie, & Frith, 1985.

• 图片来源：Figure 5: Cognitive neuroscience of human social behaviour: *Nature Reviews Neuroscience*

比如假扮游戏，自闭症儿童也很难完成[①]。

从另一个角度来看，这样一种“读心术”能力的缺失，倒也体现了阿斯伯格症患者的可爱之处：他们通常不会撒谎去迎合他人，甚至从来没有动过撒谎的念头。从小到大，他们也许都不明白人际关系为何那么复杂、充满那么多潜规则，为何有人会说一套、做一套，而不是像自己一样单纯地信任他人。从这个方面来讲，他们似乎没有那么高冷和难以接近。但从另一方面说，他们不懂什么礼仪性的寒暄和问好，因此在社交中经常做出他人觉得粗鲁、难以接近或待人冷淡的事。

阿斯伯格 =Geek?

自闭症谱系障碍诊断的主要依据是患者社交困难，伴随着兴趣狭隘和重复 / 刻板行为。有意思的是，作为这个谱系中的一类人群，阿斯伯格症患者在语言、认知和智力发展方面并无障碍，所以有时阿斯伯格症也被称为“没有智力障碍的自闭症”。甚至在很多人眼里，阿斯伯格已经成了智商超群、天才独有的症状，对此无比羡慕和推崇。的确，阿斯伯格症患者的智商分布大多在

① Sigman & Ungerer, 1981; Ungerer & Sigman, 1981; Wing, Gould, Yeates, & Brierley, 1977; Wing & Gould, 1979

正常到高于正常水平的区间（IQ>100），也曾有研究者从传记文献或者影像资料中推断出牛顿、爱因斯坦、米开朗基罗、比尔·盖茨及约翰·纳什等智商超群的人都患有阿斯伯格症。虽然影片《雨人》中达斯汀·霍夫曼所饰演的哥哥雷蒙的阿斯伯格症/自闭症患者形象深入人心，但是所谓“自闭症谱系”（autism spectrum）中的“谱系”已经考虑到个体在每项能力分布中的差异，所以并不是每一位阿斯伯格症患者都有着记忆力超群且过目不忘的本领。

• **图片来源：电影《雨人》**

对高智商的崇拜是对阿斯伯格症的两种偏见之一。另一种常见的偏见便是将“阿斯伯格/自闭症”等同于“性格孤僻内向”，仅以字面意思去理解，认为性格孤僻即等同于自闭症。

但事实上阿斯伯格 / 自闭症是一种神经发育障碍（《精神疾病诊断与统计手册第五版》），与遗传关系甚密。心智理论的缺失是患者在社交和情感方面有诸多障碍的核心问题。相反，内向与外向属于心理学的人格维度，并且是人格理论中最稳定的一个维度。内向者大多并不讨厌与人打交道，也并非不擅长社交。内向者之所以寡言少语、更愿意独处，并非因为他们“做不到”，而是“不想做”。所以，内向和阿斯伯格 / 自闭症其实是两个独立的概念：阿斯伯格 / 自闭症患者也许会给人很内向很孤独的感觉，但是内向者不一定患有阿斯伯格 / 自闭症。

泛自闭症的神经基础

刚才说到的《精神疾病诊断与统计手册第五版》（*DSM–5*）是当今世界上对泛自闭症进行诊断标准的国际权威。与之前第四版不同的是，*DSM–5* 将阿斯伯格症并入自闭症谱系障碍，并将其更正为神经发育障碍，这是对自闭症认识的革命性突破。但非常可惜的是，迄今为止并没有一个大一统的泛自闭症理论框架可以全面地解释 *DSM–5* 描述的所有症状。这主要是因为对自闭症的研究有太多不同的层次和视角，比如基因研究、生理机制研究，而生理机制又可以从分子神经层面、脑功能连接层面进行研究。再比如从行为层面可以研究自闭症的“心智缺失”、刻板行为，也可以研究其关注细节忽略整体的视觉加工特殊性。究竟什么是最好的方法，哪个更本质，怎样综合各视角，真乃 21 世纪泛自闭症科研领域的一大难题。从我熟悉的脑科学角度来说，学术界一致认为阿斯伯格/自闭症具有特定脑区激活与神经联结异常的特点。但究竟如何异常，各有各家言。

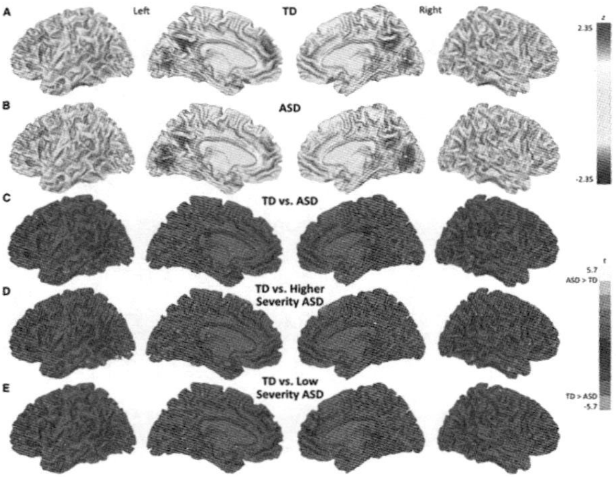

- 图片来源：Keown et al.(2013). *Cell Reports*.

基于泛自闭症所表现出的核心障碍，早期神经科学研究着眼于其相关的特定脑区活动是否异于常人。比如，我们知道杏仁核在面孔识别和在情绪解读中扮演着重要的角色。那么泛自闭症所表现出的社交和情感障碍会不会是杏仁核神经发育异常的结果呢？

于是，科学家们通过神经影像定位了泛自闭症患者脑中颞叶内侧的杏仁核，并发现在不同任务下的激活程度有异于常人。通过某类行为障碍而定位某一个核心脑区，继而通过此脑区活动异常的相关观测结果证明这个脑区可以解释此行为障碍，这种方法有循环论证的嫌疑。定位一个又一个核心障碍相关脑区从而达到“各个击破”的方式也许会让我们只见树木，不见森林。但从另一方面说，大脑是一个动态系统，各脑区之间无时无刻不在传输和加工信息。在不考虑其之前或之后的信息传输情况下，单看特定脑区的激活程度也许是有误导性的。

另一种研究方法，也是现阶段比较主流的“自下而上”脑功能联结理论，关心的不再是单个脑区的激活程度，而是各个脑区之间关系。它包含但不仅限于以下四类[①]：

① 有兴趣的朋友们请移步《儿童款的心智理论及自闭症谱系障碍》一文。

1. 长距联结不足假说（underconnecticity hypothesis）
2. 局部联结过度假说（local overconnecticity hypothesis）
3. 大脑活动不同步假说（distortion of spontaneous connectivity hypothesis）
4. 神经反应变化假说（neural variability hypothesis）与强烈世界假说（intense world syndrome）

程序员工作作为一处庇护港湾

写这篇文章的某个瞬间，我忽然意识到，我认识的阿斯伯格/高功能自闭症患者或者其父母之一的职业好像都与程序员/工程师有关。所以，这真的只是个巧合吗？职场是一个自我选择的地方。无独有偶，当今世界密度最高的自闭症患者聚居地恰恰位于美国硅谷。在那里，技术人员被赋予极高的尊重，报酬和奖励都有理可依。试着假想一下，若我是阿斯伯格患者，在社交需求被最小化的硅谷工作大概就是我的梦想吧。

然而，英国研究者西蒙·拜伦-科恩（Simon Baron-Cohen）和他的同事们发现这样理想化的职业选择却伴随着一个“黑暗面”：像硅谷这样，科技人才越集中的地方，阿斯伯格/自闭症的发病率越高。他的理论认为，患有自闭症的儿童以及他们的家人有着高于常人的逻辑思考能力以及理解有章可循的体系（比如数学、工程或者编程）的能力[①]。更可怕的是，如果这个假设成立，那么赋予我们这个时代高速科技创新且具有专注细节能力的高天赋人才，其后代更有可能出现难以融入社会、繁衍后代的自闭症患者，使这种天赋反倒成为进化劣势。毕竟，导致自闭症的关键因素是遗传而不是后天养育。

虽然西蒙·拜伦-科恩的这一系列研究吸引了媒体的关注与报道，也可能符合很多人的日常经验。但在严谨的学术界，他对自闭症谱系现象的解读被认为有夸张渲染色彩，也难以通过实验验证。首先，自闭症的诊断比例与教育和医疗水平有关。在硅谷这样的地方，高自闭症发生率也许反映的仅仅是当地的经济发达程度。其次，西蒙团队设计的自闭症商值（autism quotient）等调查问卷大多依赖于自我报告。比如，自然科学（包括数学专业）的学生在自闭症倾向上的得分比人文和社科专业的高。而认知心理学界早已公认，自我认知的准确性以及个人差异是问卷调查方式无法避免的严重问题，即问卷调查

① Baron-Cohen et al., 2001.

的可信度值得商榷。另一方面，相关关系（correlation）不等于因果关系（causation）。对于任何泛自闭症的研究通常无法实证性地排除掉其他隐含变量，从而确认是由单一职业因素引发自闭症。这就好比基于近五十年的数据，我们发现世界范围内海盗数量减少和全球气候变暖有着很高的相关系数，但如果由此得出“海盗的减少导致全球变暖”的结论，是不是想想都觉得哪里不对劲呢？

对泛自闭症的社会支持

当前，泛自闭症领域的大部分科研工作者普遍认为，以基因研究为主（理解发病机制）、脑成像为辅（辅助临床诊断），才是当前本领域基础研究的方向和科研攻关的突破口。可喜的是，和政府的研究资金互补，硅谷的大公司也走在对泛自闭症科研的前列。越来越多的企业向高校和科研机构提供自闭症专项科研资金。2014 年 1 月，微软成为首家向员工提供自闭症相关保险福利的企业，这项福利可以帮助员工支付其患有自闭症的子女的高额医疗费用和教育开支。在教育领域，美国政府也在为泛自闭症儿童在学校中的融入及其额外的特殊教育买单。

“因为懂得，所以慈悲。”张爱玲这句话让我深以为然。

偏见和歧视往往来自无知。当更多人意识到并了解到阿斯伯格 / 自闭症患者在心智理论方面的困难，多以自己的同理心来理解和包容他们的行为，这个世界会对泛自闭症患者们更加友好。

参考资料

[1] Baron-Cohen, S.(1993). From attention-goal psychology to belief-desire psychology: the development of a theory of mind and its dysfunction. In Baron-Cohen, S, Tager-Flusberg, H, & Cohen, D.J.(eds) *Understanding other minds: perspectives from autism*. Oxford University Press.

[2] Baron-Cohen, S., Leslie, A. M., & Frith, U.(1985). Does the autistic child have a “theory of mind”? *Cognition*, 21, 37–46.

[3] Baron-Cohen, S., Wheelwright, S., Skinner, R., Martin, J., & Clubley, E.(2001). The autism-spectrum quotient (AQ): evidence from Asperger syndrome/high-functioning autism, males and

females, scientists and mathematicians. *Journal of Autism and Developmental Disorders*, 31(1), 5-17.

[4] Premack, D., & Woodruff, G.(1978). Does the chimpanzee have a 'theory of mind'? *Behavioral and Brain Sciences*, 4, 515-526.

[5] Sigman, M, & Ungerer, J.(1981). Sensorimotor skill and language comprehension in autistic children. *Journal of Abnormal Child Psychology*, 9, 149-165.

[6] Ungerer J.A.& Sigman, M.(1981) Symbolic play and language comprehension in autistic children. *Journal of the American Academy of Child Psychiatry*, 20, 318-337.

[7] Wellman, H.M., Cross, D., & Watson, J.(2001). Meta-analysis of theory-of -mind development: The truth about false-belief. *Child Development*,72, 655-684.

[8] Wing, L., & Gould, J.(1979). Severe impairments of social interaction and associated abnormalities in children. Epidemiology and classification. *Journal*

of Autism and Developmental Disorders,9, 11-29.

[9] Wing, L., Gould J., Yeates, S.R., & Brierley, L (1977). Symbolic play in severely mentally retarded and in autistic children. *Journal of Child Psychology & Psychiatry*, 18, 167-178.

Tina

知乎 ID 是 This Is Not Tina，香港大学（一等荣誉）学士，美国卡耐基梅隆大学认知与发展神经科学博士在读。

没有自我的画家

作者 | 奥利弗 · 萨克斯　　**译者** | 赵永芬

一个自闭症患者也许脾气很好、对人礼貌周到，但那只是他 / 她“不带感情的直觉反应”。

1987 年 6 月，我收到英国一位出版商寄来的大包裹。包裹里有许多图画，都是些让我看了感到愉快的作品，因为画中描绘了许多我在伦敦成长时的著名地标，例如圣保罗大教堂、自然史博物馆以及其他许多纪念性建筑物。其他几幅画的景物则比较奇特，位于较偏远之处，但也感觉亲切、熟悉，如基尤植物园的中国宝塔。每幅都画得极为精确，却一点也不匠气，反而充满了活力、自发性与奇异感，充满了生命力。

我在包裹中发现出版商的信：这位名叫史蒂芬 · 魏特歇尔（Stephen Wiltshire）的艺术家，患有自闭症，自小即展现惊人的天赋。他的《伦敦字母画》（*London Alphabet*）是一套26幅的画作，完成于他10岁的那一年，他8岁以令人眩晕的视角画出惊人的电梯井。有一幅更是想象之作，画的是伦敦大火时被火焰所包围的圣保罗大教堂。史蒂芬不仅是个奇才，更是个神童。他的60幅图画即将出版，而这些仅仅是他画作中的一小部分，当时他年仅13岁。

史蒂芬的画使我想起我的一名病人——“自闭画家”荷西的作品。我是在几年前认识的荷西，并且写出他的故事，他在绘画方面，具有超人的眼力与天分。虽然史蒂芬与荷西的背景如此不同，然而他们的画竟相似得令人称奇，使我不禁怀疑其中有没有一种自成一格的“自闭式”的知觉与艺术形式。不过荷西纵使具有画画的天分（天分可能不及史蒂芬，但仍然非常可观），却不得不虚度光阴于州立精神病院中；相比之下史蒂芬倒是幸运多了。

过了几个星期，我回到英国拜访家人与朋友，并且跟我哥哥戴维谈起史蒂芬与他的画，戴维是在伦敦西北区行医的家庭医生。“史蒂芬！”他吃惊地大声说道：“他是我的病人，我从他3岁时就认识他了。”

戴维跟我说了一些史蒂芬的背景。他1974年4月生于伦敦，是一名西印度搬运工的第二个孩子。史蒂芬与大他两岁的姐姐安奈特不同，他婴儿期的运动神经发展滞缓，坐、站、手的控制、走路等的发展都很慢，而且不肯让人抱。他两三岁的时候，出现了更多的问题，如不肯跟别的孩子玩耍，而且只要别的孩子靠近，他就会尖叫或是躲在角落。他的目光不肯跟父母或任何人的眼睛接触，有时他好像听不见别人的声音，不过他的听觉却很正常（而且雷声会吓到他）。最令人不安的，恐怕就是他不说话；他仿佛是个哑巴。

史蒂芬过 3 岁生日前不久，他父亲不幸因车祸而过世。史蒂芬与父亲情感浓厚，父亲死后，他变得更加难缠，不时地尖叫，摇晃身子，挥动双手，最后连以前偶尔说的几个字也不再说了。这时医生做出诊断，判定他是自闭儿，并且打算安排他到为发育性障碍儿童开办的特殊学校就学。昆士米尔学校（Queensmill）的女校长柯尔发现他在 4 岁就学时与人十分疏远，似乎对他人毫无察觉，也对身边的环境没有丝毫兴趣。他只是漫无目标地四处闲逛，偶尔会跑出房间。柯尔校长如此写道：

他完全不了解如何运用语言，也不感兴趣。除了满足一些紧急的需要之外，别人对他没有明显的意义，他把别人视同物品。他无法忍受挫折，也受不了事物或环境的变动，只要发生这些状况，他的反应就是绝望与气愤地怒吼。他不知玩耍为何，也没有危险的概念，除了乱涂乱画之外，不想从事任何活动。

后来她写信给我："史蒂芬会爬上一辆小单车拼命踩着踏板，然后猛扑下来笑个不停，有时也会尖叫。"

不过这时他开始沉迷于看东西，这也是他展现天赋的第一个证据。他似乎对阴影、形状、角度着迷不已，不到 5 岁时又开始喜欢看图画。

"他会突然冲到其他房间，全神贯注地盯着让他入迷的图片，"柯尔校长写道，"他会找出铅笔与纸开始信手乱涂，专心地画上好久好久。"

病态的固执倾向

史蒂芬"信手乱涂"的作品内容多半是车子，偶尔也会画动物与人。柯尔校长谈到他还会画些讽刺老师们的漫画，笔触"聪明且淘气"。但是他在 7 岁时发展出来的特殊兴趣与病态的偏好，却是画建筑物。有他在学校组织的旅行途中看见的伦敦建筑物，或是在电视、杂志上看到过的建筑物。我们目前仍未完全清楚，为什么他会突然发展出如此强烈的特殊嗜好，而且至今为止他完全没有画其他事物的冲动。自闭症患者常常有这种病态的固执倾向。杰西是个患自闭症的画家，他就对异常天气与夜空中满天星星的景象迷恋不已；[①] 日本一位名叫山村（Shyoichiro Yamamura）的自闭症画家几乎只画昆虫；还有一个名叫钱宁的自闭男孩，心理学界的先驱罗森伯格（Mira Rothenberg）说他有一阵子只画电灯，还有用电灯组合出来的建筑或人。

7 岁的史蒂芬已经满脑子都是建筑物，而且他偏好复杂无比的庞大建筑，还有从高空角度或极端视角看到的建筑。他 7 岁时还有一项兴趣：痴迷于画突发的灾难，

① 最近我跟一位年轻的物理学家暨天文学家奥本·海默（Ben Oppenheimer）碰面时，我提到杰西的画，并且给他看了几幅。他对画中天文方面的精确性大感惊愕，也因而想到澳大利亚一位业余天文学家兼牧师伊文斯（Robert Evans）。伊文斯只靠一台小小的望远镜，依他个人的力量，花费 5 年的功夫，在 1017 个灿烂的星河中，观察到超级新星的出现（奥本海默算算，发现他每一晚要观察六十多个星河），并且根据这一切归纳出这类星河中超级新星的新数字。伊文斯没有摄影器材或电子仪器的辅助，却似乎能够把一千多个星河的图像精确地记在脑海里，仿佛他的记忆力是一种天赋，但他却没有一点自闭的倾向。

尤其是地震。每当史蒂芬画出这类景象，或是在电视与杂志上看到地震的时候，他就变得出奇地激动与紧张，其他事情绝不会让他心中激动至此。有人怀疑他对地震的痴迷（有如某些精神病患启示性的狂想），是否象征了他心中极度的不安？借着绘画，或许他尚可试图加以克制。

1982 年，一名年轻的新老师克里斯·马里来到昆士米尔学校任教，看见史蒂芬的画时大为惊叹。克里斯教智障儿童已有 9 年经验，但他从来没见过类似于史蒂芬的奇才。“我觉得这孩子真是不可思议，他一个人坐在房间的一角画画，”他告诉我，“他以前就这么画呀画的，画个不停，学校的人都管他叫‘画呆子’。他画的东西完全不像孩子画的，比方说圣保罗大教堂、伦敦塔桥和其他伦敦地标，画得真是详细，而同龄的其他孩子，多半只能画粗略且孩子气的线条而已。让我惊讶的是他构图的繁复、线条与视角的纯熟，这一切特质他在 7 岁时都具备了。”

史蒂芬是克里斯班上 6 名学生中的一个。“他知道其他人叫什么名字，”克里斯告诉我，“但他和同学之间没有互动，也没有友谊。他真是个与世隔绝的小家伙。”但是克里斯觉得他的天赋极高，不需要用一般的方式“接受教育”。他显然自己发展出一种学习方式，心领神会般地学到一套绘画技巧与角度的能力。

超强的眼力与模仿力

除此之外，他已显示出惊人的视觉记忆力，似乎能够在几秒钟之内，就把最复杂的建筑物或城市景观尽收眼底，然后将所有细节记在脑海里，似乎永难磨灭，而且毫不费劲。这些细节也不必连贯，组合成传统的结构。克里斯觉得他早期最令人吃惊的作品，即废墟与地震的景象，遍地梁木横陈，到处是爆炸的烟硝，眼前一片零乱。然而史蒂芬却记得这些景象，而且无比忠实地一笔笔画了出来，轻松得就像照着模型画的一般。无论他是写生或是根据记忆中的形象，画得似乎已无差别，他不需要备忘录、素描或笔记，用眼角余光瞧一眼，几秒钟就足够了。

除了视觉之外，史蒂芬在其他方面也富有天分。他在还不会说话之前就很擅长模仿，对于歌曲的记忆力奇佳，而且可以很精确地唱出来。他可以完美再现任何动作，因此 8 岁的他在最复杂的视觉、听觉、肌肉运动与语言形式方面，都展现出再现与记忆的能力，不过他显然完全无法明白复制物的内容与所代表的意义。

无法串联的记忆

正是这种惊人的记忆力（无论是在视觉、音乐或语言领域）特征，能够让小神童们记住各种细节。大大小小、重要或琐碎的一切，尽管可能一片零乱，并没有什么显著的重点，也没有前景、背景之分，却也丝毫不影响他记忆的精确度。他们不会把这些细节综合起来，或是互相组合成一个整体，或将其按照因果关系或历史因素串起来，或是把事情和他本人建立起关系。他们的这类记忆似乎有一种不可动摇的景象与时间、内容与情况之间的联系（一种所谓实际情境或事件性的记忆），因此自闭症奇才往往具有精确无比的记忆力，然而同时却又难以从这些记忆中萃取出要点，以建立一般的知识与记忆。因此我在《错把妻子当帽子》书中描述的双胞胎奇才，虽然早从 4 岁起就可以一一记住他们生活中做过的每件事，却对他们整个生涯中历史性的变化毫无概念。这种记忆结构和正常人完全不同，既有不可思议的长处，也有无可救药的弱点。《来自边境的消息：一个自闭儿母亲的备忘录》（*News from the Border: a Mother's Memoir of Her Autistic Son*）一书的作者麦克唐奈女士（Jane Taylor McDonnell）说到她的儿子："保罗不像别人一样，把经验中的个别事件归纳在习惯性、持续性的经验里。在他的心里，每个时刻似乎都是突出的，而且跟其他时刻没有关联，因此似乎没有一件事会在记忆的过程中流失或是受到压抑。”我常想史蒂芬也是如此，他的人生经验似乎由生动有趣而各自独立的时刻组成，每个时刻之间没有关联，跟他似乎也不相干，因此没有任何较深入的发展变化与连续性。

虽然史蒂芬画个不停，但他对画好的作品似乎完全不感兴趣，克里斯有时会在垃圾桶里发现他的画，或是看见它就摊在桌上。史蒂芬画画的时候，甚至好像并没有专心在主题上。“有一次，”克里斯告诉我说，“他坐在阿伯特纪念堂对面，笔下正画着纪念堂的美丽图画，但他同时也忙着四处张望，看巴士、看纪念堂，什么都看。”

虽然他认为史蒂芬不需要“接受培训”，克里斯仍尽可能投注心力在史蒂芬与他的画上面，提供作画的模型给他，并且不时鼓励他。这些事做起来并不容易，因为史蒂芬不会表达多少个人情感。“他以另一种方式来回应我们这些大人。他会说，‘哈啰，克里斯。’或是‘哈啰，珍。’但是你很难触及他的心灵，知道他心里在想什么。”他似乎并不了解不同的情绪，倘若有个孩子发脾气或是尖叫的话，他会放声大笑。（史蒂芬自己很少在学校大发脾气，但是他很小的时候，偶尔会在家里闹脾气。）

有师相伴，走入人群

1982 到 1986 年之间，克里斯一直是史蒂芬生活的重心。他常会带史蒂芬与全班同学到伦敦作户外教学，观赏圣保罗大教堂，或是喂喂特拉法加广场上的鸽子，看塔桥升起与降下。这些户外教学终于刺激史蒂芬在 9 岁那年开口讲话，他认得出他们经过的每一幢建筑与每个地方，坐着校车旅行的时候，他高兴地大声叫出它们的名字。（他 6 岁那年已经学会在需要的时候开口要“纸”。之前，他一直不懂如何要东西，甚至用手势或是用手指也不会。因此这些不仅是他会说的头几个字，更是他头一回懂得如何用语言去跟别人说话。而语言的社交用法，是一般人在两岁之前就能做得到的。）

有人害怕史蒂芬渐渐学会使用语言之后，可能会失去他惊人的视觉天赋，就像不知是出于偶然或是别的原因，发生在娜蒂亚身上的情况那样。但克里斯与柯尔校长都认为他们有责任尽可能丰富史蒂芬的人生，将他从没有文字的隔绝世界里带出来，进入到另一个互动与语言的世界。他们倾全力使语言更为有趣，让史蒂芬觉得和他相关，于是他们把语言和他深爱的建筑物与地方联系在一起，并且促使他根据一个个英文字母画出一系列的建筑物［“A”是阿伯特纪念堂（Albert Hall），“B”是白金汉宫（Buckingham Palace），“C”为市政厅（County Hall），等等，一直画到“Z”——伦敦动物园（London Zoo）］。

克里斯想知道其他人是否也会对史蒂芬的图画大加赞赏。1986 年初，他选出两幅参加全国儿童美术展选拔，结果两幅均获展出，其中一幅还得了奖。大约在这个时候，克里斯也为史蒂芬的异禀寻求专家的意见，他找到的是赫梅林（Beate Hermelin）与奥康纳（Neil O'Connor），这两位心理学家以在自闭症奇才研究方面的工作闻名。他们发现史蒂芬是所有经过他们测验的奇才研究中天赋最高的一位，不但视觉认知能力绝佳，靠记忆绘图的天分也出类拔萃；但是在另一方面，他普通的智力测验结果却很差，语言方面的智力只有 52 分。

史蒂芬不可思议的绘画天赋从此传播开来，英国国家广播公司于是安排拍摄他的故事，成为《大智若愚》影片的一部分，那是个以奇才为主题的节目。史蒂芬对于有人拍摄他这回事倒是泰然处之，完全不受摄影机与工作人员的困扰，甚至可能有一点引以为乐。工作人员要求他画圣潘克拉斯车站（柯尔校长强调这是“一幅史蒂芬特色很浓”的图画，“精巧、细腻且复杂无比”）。他的画面中的精确性也同时借由照片得到证实。（不过其中有个错误挺奇怪的：史蒂芬把钟与建筑物的顶部画成左右颠倒了。）他的精确程度令人咋舌，画的速度、线条的简单利落、画的风格与魅力处处教人赞叹，而他赢得人心的正是这些。这个节目于 1987 年 2 月播出，激起大众如潮的兴趣，信件如雪片般涌至，问在什么地方看得见史蒂芬的画，出版商也愿意出资和他签约。不久他的作品集《画》（*Drawings*）一切就绪，准备出版了，我在 1987 年 6 月所收到的，就是他画集的草样。

目不盲，心盲

年仅 13 岁的史蒂芬如今已名满欧洲，但是仍如以往一样自闭，一样缺乏基本的生活能力。他可以轻而易举地画出他看过的任何街道，却无法独自穿过马路；他可以用心灵的眼睛看见伦敦的全貌，却对其人性的面貌浑然不解。不过，他虽然无法跟任何人真正地交谈，但是已经愈来愈表现出类似社交的行为，尽管可以和陌生人说话，但没有远近亲疏之分，时常会用词不当，让人觉得奇怪。

克里斯到澳大利亚去了几个月，回来时发现他年轻的学生已经名满天下，但他觉得史蒂芬完全没变。“他知道自己上过电视，也出过一本画册，但他没有像其他的孩子一样乐昏了头。他没有受影响，仍然是我所认识的史蒂芬。”克里斯不在的时候，史蒂芬好像并没有很想念他的意思，不过倒是很高兴见到他回来，说“哈啰，克里斯！”时，脸上带着开怀的笑容。

这一切我仍然弄不懂。史蒂芬如今以一个举足轻重的画家为人所知，皇家艺术学院（the Royal Academy of Arts）的前任院长卡森爵士（Sir Hugh Casson）曾说他“可能是英国最优秀的儿童画家”，然而克里斯与其他人，甚至最具怜悯心的人，似乎都认为他智力不足，也对自己的身份认识不够。他做过的测验似乎证实他严重欠缺情感与智能，然而以他的心灵与个人成长来看，究竟他的艺术中是否可能具有深度与情感？艺术难道不是表达个人理想与自我最精华的方式吗？一个没有“自我”的人可能是艺术家吗？我第一次看到史蒂芬的画时，就想到这些问题，因此我急着跟他碰面。

1988 年 2 月，这个机会终于来了。史蒂芬在克里斯的陪伴之下来到纽约，拍另一部电视纪录片。史蒂芬已经在纽约待了两天，一边观光，一边画出眼中的城市景观，而最让他感到兴奋的，就是坐着直升机飞越纽约市上空。我想他可能会喜欢看看城市岛（City Island），我就住在纽约市外的这个小岛上，于是我邀他到我家。他与克里斯在暴风雪中到达。史蒂芬是个严肃、不苟言笑的黑人小男孩，不过显然也有顽皮的一面。我觉得他看起来好小，比较像 10 岁，而非 13 岁，一颗小小的脑袋歪向一边。他的模样使我想起我见过的一些自闭儿，有点头或抽搐的怪癖，双手也有一些奇怪的拍打动作。他不直接看着我，好像只从眼角稍稍瞄我一眼。

我问他觉得纽约怎么样，他说“很好”，带着非常浓厚的伦敦腔调。我不记得他除此之外还说了什么。他总是很沉默，几乎从不出声，但是他的语言能力已经比早年进步了许多。克里斯说他偶尔也会兴致勃勃，变得喋喋不休。他坐飞机的时候就很兴奋，他从来没有坐过飞机。克里斯告诉我：“他同空服员和其他乘客说话，还把他的画拿给飞机上的人看。”①

史蒂芬想把他最新的作品拿给我看，也就是他笔下

① 史蒂芬受邀坐在折叠椅上，观赏纽约飞机降落的景致时，克里斯老师想到他们离开伦敦之前史蒂芬曾说过一个预知的梦。“我是巨无霸客机的驾驶员，”史蒂芬说，“我看见摩天大楼和曼哈顿的天空。”

的纽约。画作全都放在克里斯的公文包里。我边看边满口称赞（尤其是他坐直升机时画的一些空中景色）。他在展示画作的同时也用力点头，并且说它们“很好”与“不错”。他似乎没有虚荣或谦虚的概念，只是把他的画拿给我看，一边提出评论，一副灵敏但却全然不自觉的模样。

若即若离的人际关系

我也开始怀疑史蒂芬生活中的人际关系：人际关系对自闭的他（再加上幼年又痛失父亲）而言有多重要，又发展到什么程度。他在昆士米尔学校这 5 年来最重要的关系，或许要算他跟克里斯间的相处了，但这层关系在 1987 年 7 月将告结束，因为史蒂芬必须离开昆士米尔学校去上中学。有一阵子克里斯总会安排在周末和史蒂芬继续见面，带他到伦敦各处画画，甚至在他首次的纽约与巴黎之旅期间陪伴着他。可是到了 1989 年 5 月，他俩就再也没一同出游过，史蒂芬似乎也少了画画的进取心。他好像需要另一个人激励他往前走，“促使”他画下去。我们并不清楚他是否想念克里斯，或是对老师的离去感到难过。后来我同史蒂芬谈到克里斯的时候，他只是以很平淡与实际的口气说到他（总是称他为“克里斯 · 马里”或“马里老师”），不带任何明显的感情。正常的孩子倘若失去多年来如此亲近的人，一定会深深感到沮丧，但是史蒂芬却没有这么难过的样子。我怀疑他是不是压抑这种痛苦的感觉，或是想办法跳脱出来，但以他的自闭症情况来看，我实在不敢说他究竟有没有任何个人的情绪。吉尔伯（Christopher Gillberg）曾写到一个 15 岁的自闭症男孩惨遭丧母之痛，问他情况如何时，小男孩答道：“喔，我还好。你知道我有自闭症，所以我不会像大多数人一样，那么容易因为失去所爱的人而受影响。”当然，史蒂芬永远也不可能这样清楚表达出心中的状态，不过我们忍不住怀疑，他是否也跟吉尔伯的年轻病人一样，对失去克里斯这件事没什么感觉，而这种无感觉的状态会不会是他一生大半人际关系的特征。

玛格丽特·修森（Margaret Hewson）突然闯入了这一片虚无。自从两年前英国国家广播公司的节目之后，玛格丽特成为史蒂芬的著作经纪人，也对他与他的艺术愈发感兴趣。我和她在 1988 年初次见面，我们和史蒂芬三人逛遍了伦敦，寻找他画画的题材。我看得出史蒂芬与玛格丽特相处得十分融洽。这时的史蒂芬虽然可能没有较深的感觉或关怀他人的能力，却也表现出对不同的人有较强的直觉反应。他一开始就对玛格丽特倾心，我想是受到她充沛的活力与干劲所吸引，她似乎能在她的周围创造出旋风般令人兴奋的气氛，而她对他与他的画又充满了感情。玛格丽特似乎认识每个人，也去过每个地方，给史蒂芬一种世界变大了的感觉，感受到比过去狭窄的小圈圈大出许多的领域。最后一点是，玛格丽特对艺术的知识非常渊博，从艺术史一直到画画的技术细节均无所不知。

渐露情感

1989 年秋季，玛格丽特渐渐开始为史蒂芬争取到绘画的合约，于是每个周末带他外出画画，随行的还有她的丈夫兼著作经纪公司的合伙人安德。她很快就不让史蒂芬用描图纸与尺子作画（1989 年出版的《城市》画册中，一些作品就曾使用这些东西），她坚持要他信手以油墨作画。她说：“只有直接以油墨作画并且犯错，才能学会线条的价值何在。”在玛格丽特的动力与指导之下，史蒂芬又开始有规律地画起来，而且画得比以前更为大胆。（不过即使在《城市》画册中，也有一些了不起的即兴徒手之作：想象的城市，是史蒂芬了解与综合许多真实城市的特色之后的结果。）

经过一早的旅行与画画之后，他们大家会回到修森家吃午餐，修森夫妇的女儿安妮也常常和他们一起进餐，安妮不过比史蒂芬大几岁而已。史蒂芬似乎对出游充满了期待，每逢星期天上午他就变得很兴奋，等着玛格丽特与安德来接他。而修森夫妇真的是十分关爱史蒂芬，不过却不确定他对他们是否也是如此。他们偶尔也会带他去较远的地方，有一回远赴索尔兹伯里市（Salisbury），也曾在苏格兰待过两星期。

史蒂芬小时候住在伦敦一条运河附近，偶尔会和母亲或姐姐沿着运河散步，画些船只与水闸的素描，因此他十分喜欢流水的视觉效果，这分喜好倒是使玛格丽特想到新画册的题目。他们打算造访运河环绕的城市，即“漂浮的城市”，包括威尼斯、阿姆斯特丹和列宁格勒（于 1991 年恢复旧名圣彼得堡），并且把它们画下来。

1989 年秋末，玛格丽特在突发奇想之下打电话给史蒂芬的母亲，建议史蒂芬及他姐姐安奈特和他们一起到威尼斯共度圣诞假期。这个旅程进行得十分顺利，如今已 15 岁的史蒂芬似乎很能适应旅途中捉摸不定的状况，而在几年以前，他则会因此方寸大乱。他正如玛格丽特所期望的画出了圣马可大教堂与总督府，以及一些代表意大利文化的伟大建筑，他显然也以画这些建筑为乐。但在深度沉浸于欧洲文明一个星期后，有人问他对威尼斯的观感时，他也只说：“我比较喜欢芝加哥。”（这并非因为他比较喜欢其建筑物，而是因为美国的汽车。史蒂芬对车子热爱极了，他不但认得美国战后生产的各类车子，也叫得出名字，更画得出来。）

数周之后，修森夫妇已经将他接下来赴阿姆斯特丹的旅程安排妥当。史蒂芬同意去这一趟的原因十分明确：他曾看过这个城市的照片，并且说：“跟威尼斯比起来，我比较喜欢阿姆斯特丹，因为那里车子比较多。”史蒂芬再一次完全捕捉到一个城市的感觉。在阿姆斯特丹的时候，史蒂芬似乎生气勃勃，充满了幽默感，并且渐渐显露出自己新的一面。随行的柯尔校长更对她所见到的变化尤感诧异：

> 史蒂芬小时候对任何东西都不感兴趣。如今他却觉得样样东西都滑稽得很，而且他的笑声也十分具有感染性。他又开始把身边的人画进画里讽刺一番，也从被他取笑对象的反应中得到不少乐趣。

在阿姆斯特丹的一天傍晚，史蒂芬原本应该接受一个电视节目的采访，但是玛格丽特突然发作了严重的气喘，因此不得不待在旅馆休息。史蒂芬难过极了，不肯上节目，也一步不肯离开玛格丽特的床尾。“我要一直陪你到病好些为止，”他说，“你不可以死掉。”玛格丽特与安德听他这么说都很感动。

“这是我们第一次看见他会关心别人。”她告诉我。①

测试情感响应

尽管史蒂芬是个自闭儿，但他是否可能开始显现出一点点迟来的个人性格上的发展？玛格丽特游阿姆斯特丹的旅行报告引起我的好奇，于是安排行程跟他们一起去莫斯科与列宁格勒，时间预定为 1990 年 5 月。我先飞到伦敦和史蒂芬与玛格丽特会合，再给史蒂芬做几项测验。这个测验，在于测出受试者对各种不同漫画的反应，其中一些和简单事件的先后次序有关，另外一些则必须就个人不同的意图、观点、信念与心态来看，否则就无法看懂剧情。结果很清楚的是，史蒂芬在想象他人心态方面的能力极为有限。（这些测验的设计人费利斯写到有一位研究学者“启用《纽约客》（*New Yorker*）漫画在美

---

① 拜访自闭画家杰西的时候，她父母对她的关爱使我十分感动。“我看得出你们很爱她，”我对他的父亲说，“她也爱你们吗？”“她竭尽所能。”他答道。

国做过一次非正式调查，发现非常能干且受过高等教育的自闭症患者，并不了解漫画的意思，即使看懂了，也不觉得有趣”。）

我也送他一个大拼图，他很快就拼完了。后来我又给他一种拼图，这回面朝下方，如此一来他就没有图样可以作为参照来完成了。结果他跟上一回一样，三两下就拼好了。他似乎根本不需要图样，不需要意义，而令人叹为观止的是，他能够迅速理解大量抽象的形状，并且在顷刻之间看出该如何将它们拼在一起。

这种表现正是自闭症患者的特征，他们在积木排列测验方面也成绩卓越，尤其在找出潜藏的图形方面更是厉害。因此心理学家沃特豪斯（Lynn Waterhouse）为一位视觉奇才 J. D. 做测验时（J. D. 的父母说他还是小男孩的时候，就能在两分钟内拼好 500 片的拼图，之后他们只好给他 5000 片的拼图玩），发现他在每次视觉测验中都表现得“优异无比”：线条、视觉形态、积木等等，他几乎都得满分，而且速度是正常人的好几倍。

史蒂芬也跟 J. D. 一样，在抽象形态识别与视觉分析方面能力惊人，但单单凭这些仍无法解释他的画。J. D. 尽管拥有特异知觉能力，在绘画方面却没什么天分。史蒂芬展现出的是另一种能力，他可以生动描画出心中的图像，创造出他知觉的外形，表现出一种极易辨认的个人风格，不过我们完全不清楚这种具象能力究竟是否包含了其内心的共鸣与响应。

就史蒂芬在抽象的视觉分析能力而论，“意义”对他到底有多重要？他从他所画的东西中究竟理解了多少？他是否了解又有多少关系？我拿一张马蒂斯（Matisse）的画给史蒂芬看，然后问他愿不愿意照画一张（玛格丽特与安德非常喜爱马蒂斯，我给史蒂芬看的正是他们夫妇拥有的复制品）。他照着原作画了，画得既快又充满自信，虽然画得不完全正确，不是依样画葫芦，但却很有马蒂斯的味道。过了一小时，我请他再根据记忆画一张，他的画变得不同，后来又过一小时，他画得又不一样了。不过他所有的画（他一共画了5张）尽管细节部分或有不同，却跟原画像得不得了。因此以某个观点来看，史蒂芬已提炼出画中的“马蒂斯精髓”，然后以不同方式铺陈于纸上，让它成为他复制画中的主调。这种深谙马蒂斯“风格”的能耐，究竟是纯粹程式化的认知，还是代表在较深的层次，他对马蒂斯的视觉意象、感觉与艺术有所反应？

心灵访寻之旅

我问史蒂芬他还记不记得我房子的模样——他到我家已经是两年前的事了——我问他愿不愿再画我家一次。他点头后又画出我的房子，但做了许多修改。这次他为每层楼只画了一扇窗，而非两扇；他略去门廊的一根柱子，并且把阶梯画得更加醒目。他仍然留着（虚构的）烟囱，此刻更加上一根高高的旗杆与并不存在的美国国旗，我想他可能觉得这些是刻板印象中“美国”房子必有的元素。于是马蒂斯的画和我的房子在他的理解与赋予象征符号之后，有了各种版本。在这两种情况之中，他都能立刻抓住风格所在，后来的画不过是在此风格之内的自由发挥罢了。

经过这番测验之后，我仍然觉得困惑。史蒂芬似乎极不健全但又极有天分；他的缺陷与天分究竟是否完全分离，或是从更深一层来看，两者根本就是相连的整体？一些自闭症的特质，比方说翔实与精确，在某些情况可能是禀赋，然而在其他情况会不会成为缺陷呢？这些测验也令我不安，我怕自己几天工夫下来，就把史蒂芬简化到只由缺陷与天赋组合而成，却看不到一个整体，忽略了他是一个人。

我刚刚重读费利斯（Uta Frith）的书《自闭症：谜之解析》（*Autism: Explaining the Enigma*），并且写信给她："明天我将和史蒂芬去俄罗斯……我见识到他的一些怪异的技能与缺陷，但我还想见识他的心灵与他这个人。或许和他共处一星期可以让我如愿。"

我就抱着这个希望与史蒂芬动身前往俄罗斯。我们坐在盖威克机场等候飞机，我对他的凝神贯注印象深刻。他坐在那儿，整个人被《古典车》（*Classic Cars*）杂志迷住了，两眼专注地看着里面的图片。他沉浸于杂志中，足足有 20 分钟没有抬起头来。偶尔他会凑近去仔细看一个小地方，我想他所看的东西，一定会永远印在他的大脑皮层上。期间他不时突然笑出声来，在这么抽象的活动中，究竟什么促使他发笑呢?

在飞机上，史蒂芬仔细看过巴摩洛城堡的明信片之后，就开始埋头画起城堡，对周围的交谈浑然不觉，也无视下方壮丽的景观与海洋。

史蒂芬在莫斯科机场的时候非常安静，两眼只盯着汽车看，有黄色出租车与黑色的俄罗斯国产车，牌照都是以"MK"开头。整个机场弥漫着一股未精炼的汽油味道，非常可怕。史蒂芬一边嗅着气味，一边皱着鼻子，他对气味极端敏感。我们在凌晨两点左右驶进城，看见路边高大的银色桦树，和低低悬挂的大月亮。就连本来似乎无视周围环境的史蒂芬，这会儿也高兴地望着沐浴在月光下的浩瀚大地，鼻子紧贴着巴士冰冷的车窗。

不按牌理出牌

次日早晨，我们在红场附近散步。史蒂芬好奇极了，他一边拍照，一边望着建筑物，震撼于它们的新奇。其他人都转过来盯着站在街上的他看，显然在莫斯科并不经常见到黑人。他找到一个地点，想从那儿画史帕斯基塔，他请玛格丽特把他的凳子不偏不倚地放在那个地方。“不是那儿，也不是那儿，是这儿。”他在许多方面都十分被动，可这会儿他成了彻底的主宰。他不过是红场中央一个小小的人影，头顶毛帽，手戴深蓝色羊毛手套。一二十位观光客群聚于耀眼的五月阳光之下，其中许多人都看着史蒂芬作画。史蒂芬完全不理会他们，或者没有察觉到他们的存在，只继续画他的，完全不为所动。他边画边哼歌，画笔握在他的第三、四指之间，看来笨拙且孩子气，但颇有自己的特色。他突然迸出笑声，后来我们才知他笑是因为电影《雨人》中的一幕（“你胆敢开车！”）不断闪入他的脑海。他画画的时候，玛格丽特坐在一旁边看边鼓励着：“很好！聪明的孩子！”

并同时告诉他一些审美观点和建筑细节。比方说史蒂芬就在她的建议之下，细细检视高塔的垛口。她几乎可以说是画的共同创作人；尽管史蒂芬的天分是那么个人化，那么与生俱来，但他显然期望得到她关爱与赞许的评论。

后来我们去历史博物馆参观，那是一幢由英国建筑师设计的红色砖造建筑。玛格丽特指点史蒂芬说："好好看那幢建筑物。细细研究一下。现在再看它的特殊形式，我要你等一下根据记忆把它画出来。"可是史蒂芬后来画的，却和真实的历史博物馆不太一样，而且多了 6 个并不存在的洋葱圆顶。

我一开始怀疑会不会是他的记忆有了瑕疵，于是问他愿不愿意就记忆画出圣贝索大教堂。他立刻画了出来，那是一幅精确且相当迷人的素描，从头到尾不过两分钟。当天稍晚在旅馆里，他又画了古姆百货的巨大拱廊（两边都是商店），一边还悠闲地喝着可乐。他根据记忆，连店铺招牌也一一画了出来，而且那些字母都是他不认得的俄文，由此可见他的记忆力并没有毛病。

玛格丽特和我拼命回想究竟在历史博物馆里出了什么事。玛格丽特要史蒂芬记住时，他的注意力曾被打散（红场的警察使他紧张），问他觉得如何时，他只说："还好（意思就是他并不喜欢）。"我想他把博物馆加上洋葱头，是为了使它更吸引人一些，但是跟原来建筑的外形相差太大，看起来实在不太像。

次日早晨，我们在旅馆的餐厅碰面一起吃早餐，史蒂芬大声跟我打着招呼："哈啰，奥立弗！"声音中充满了友谊与热情，或者这只是我的想法罢了。但我后来又不确定了。会不会这只是一种机械式的社交行为呢？伟大的神经学家戈德斯坦（Kurt Goldstein）曾写到另一位自闭儿：

> 他变得喜欢一些人……然而他的情绪反应与对人的依恋则仍然淡薄，仍然流于表面。几个月以来，每隔些时日就跟他碰次面，他会欢迎你，也会道再见，但却只是和善而不带任何个人情感，使人觉得倘若不在他面前的话，一切就不再真实……这种碰面不带有情感深度。

我在一家观光客常去的店里买了一块琥珀。史蒂芬漠不关心地看了一眼。它对他没有视觉上的吸引力，直到我用力摩擦它，然后把琥珀拿开几英寸，突然纸屑全部飞了起来，黏住了琥珀。他惊愕地睁大了眼睛，从我手中接过琥珀，并且照我的样子把琥珀摩擦生电。可是之后他的惊愕消失了，既不问怎么回事，也不问为什么。我解释原因的时候，他似乎也不感兴趣。看见他先前的惊叹时我好兴奋，过去我从未见他真正吃惊过。可是后来它消失了，而我认为这个现象似乎颇为不祥。

讽刺漫画表真情

吃晚餐的时候，史蒂芬咯咯笑着，画了一幅我们大家坐在餐桌前的漫画，画中的他则拿着扇子替我扇风（我对温度特别敏感，因此总是随身携带一把日本扇子，他常常看见我拿着扇凉），画中的我因为扇子的强风而畏缩着，他自己却庞大且强而有力，操纵着一切。这是一幅象征式的图画，也是我第一次看他画这样的东西。

跟史蒂芬一起旅行，一同生活，到这会儿我们已经共度了 5 天。我渐渐察觉到他在生理方面是多么脆弱，他的状态又多么容易起伏不定。有时候他对周围环境很感兴趣，自己也充满生气，可以高明又滑稽地模仿他人，画些讽刺味十足的漫画；有时候他却又陷入最深度的自闭状态，要不毫无反应，要不就像机器似的，只重复别人话中的最后一个字。这种不稳定的情形通常会持续几小时，很少会长达好几天，不过典型自闭症常有这种现象，医学界并不了解其中的缘由。后来他们告诉我，史蒂芬小时候的情形还更糟。

次日，我们坐火车参加列宁格勒的一日游行程。玛格丽特带了好大一篮子的饮食，不但够我们大家吃，连同我们车厢里的所有乘客分享都够了。火车开动以后，我们开始吃这顿很早的早餐。为了赶这班火车，我们当天凌晨 5 点就离开旅馆。她打开篮子的时候，史蒂芬有些不由自主地一头探过去，她每拿出一样东西，他就闻个不停。我又想起我那些有脑膜炎后遗症的病人，还有一些妥瑞氏症[①]患者，也都有这种嗅觉行为。我突然明白史蒂芬的嗅觉世界可能和他的视觉世界一样生动活泼，但我们没有语言与方法，可以将这个世界传达出来。

史蒂芬半信半疑地盯着我们的煮蛋发愣，他会不会从来没有剥过煮蛋呢？我拿起一枚煮蛋，并好玩地往脑袋上一敲，史蒂芬高兴得失声而笑。他从来没见过有人这么击碎蛋壳。他又给我一枚蛋，看我愿不愿意再来一次，接着确定没问题后，他也拿着蛋往脑袋上砸。这种敲蛋壳的方式颇有几分赤子之心，我想在这之后，史蒂芬觉得跟我在一起自在了些，因为我已经让他看见我也能很

① 即妥瑞综合征（Tourette Syndrome），一种遗传性的神经内科疾病，表现为患者不受自主控制地发出清喉咙的声音或耸肩、摇头晃脑等。

好玩、很可笑。

早餐之后，史蒂芬跟我玩文字游戏。他很会玩“我发现”。我提示他“我的小眼睛瞥见一个‘C’开头的字”，他很快就说出一串：“外套（coat）、猫（cat）、咖啡（coffee）、酷（cool）、杯子（cup）、香烟（cigarette）”。他又很擅长于拼出不完整的单词。不过，16 岁的他尽管经过一再的示范，仍然无法弄懂液体放在不同容器中，高度会有不同，容量却没有改变的事实。儿童心理学家皮亚杰（Piaget）认为，7 岁的孩子多半已经掌握到这个概念了。

自有主张

当天稍晚的时候，我们来到亚历山大内沃斯基修道院，才发现这里正在举行一场俄罗斯东正教婚礼。圣乐团是由一群瘦弱且衣着褴褛的孩子组成的，他们瑟缩在一起，由一位有发亮蓝眼睛的盲女带领着唱歌。但他们的歌声实在美妙，而且美不胜收，尤其是那位低音歌手，玛格丽特和我觉得他看来简直就像刚从古拉格逃出来的。玛格丽特认为史蒂芬完全不受他们歌声的影响，但我觉得正好相反，我觉得他大受影响。由此即可看出有时若想了解他的感觉，竟是如此困难。

我们在列宁格勒之旅的最高潮，即是造访艾尔米塔什艺术博物馆。但是史蒂芬对馆中令人惊叹的绘画，却表现得很孩子气。“你有没有看见他是怎么用不同图形构图的？”玛格丽特指着一幅毕加索的作品说道，画中是个歪着头的女人。史蒂芬只问道：“她是不是哪里在痛？”

玛格丽特告诉史蒂芬要特别留意看马蒂斯的《舞》（*Dance*），于是史蒂芬盯着它瞧了整整 30 秒，但也没显得特别感兴趣。回到伦敦后，玛格丽特提议他把它画下来，他照做了，而且毫不迟疑，画得精彩极了。直到后来，我们才注意到他画中有融合其他作品的地方。史蒂芬用到列宁格勒博物馆中那幅舞者的形体，但却画出那幅画另一个版本（这幅画就挂在纽约现代美术馆的墙上）的色彩。原来他的姐姐安奈特几年前曾给他一张现代美术馆那幅《舞》的海报，现在他替“俄国”画加上了“美国”色彩。有人或许怀疑他记忆力不好或是搞混了，不过我却认为那是玩笑之作，故意把在俄罗斯看到的那幅画加上现代美术馆的颜色，正如他故意为历史博物馆加上洋葱圆顶一样（或者是在我的房子上加个烟囱，以及在另一幅画上，替洛克菲勒中心的普罗米修斯加根阴茎）。

经过一天的参观与作画，疲倦的我们离开博物馆，打算回旅馆喝茶。玛格丽特看出史蒂芬需要娱乐一下，于是对他说："现在你来当老师……奥立弗，你就当学生。"

史蒂芬眼中闪出一抹光彩。"2 减 1 是多少？"他问。"1。"我迅速答道。

"很好！那 20 减 10 呢？"我假装想了一下，然后才说："10。""太好了，"史蒂芬说，"60 减 10 呢？"

我苦思良久，脸皱成一团。"40？"我说。"不对！"史蒂芬说，"错掉了。再想想！"我伸出手指，试着帮自己算出答案。"想出来了，是 50。""对了，"史蒂芬说着，脸上露出赞许的微笑，"很好。现在，40 减 20 是多少？"这题还真难。我整整想了一分钟。"10？"

"不对，"史蒂芬说，"你得专心才行！不过你已经算很不错了。"他好心说道。

这个插曲真是一幕惊人的模仿剧，仿佛教导智障儿的一堂算术课。史蒂芬的声音与手势近乎完美地模仿着一名用意良好的老师，但仍掩不住一股屈尊的心态，尤其像我在伦敦替他做测验时的态度（每念及此，我不免感到几分难过），他并没忘记这回事。这也给我和我们大家上了一课，绝不可低估他。史蒂芬很喜欢角色互换的玩法，正如他在漫画中画他自己给我扇扇子一样。

期待落空

俄罗斯之旅在某些方面很令人高兴也很刺激，但在其他方面，我不免感到悲哀、失望并有几分的醒悟。我原本希望能绕过史蒂芬自闭症的重重屏障，看见真正的他，看见他的心思，然而，我却只见到隐晦不明的他。在情感方面，我也曾希望能多少感受到他的情感深度。第一次听见他喊“哈啰，奥立弗！”的时候，我的心为之雀跃，但一切却到此为止。

我希望史蒂芬喜欢我，或是至少把我看成一个不同于别人的人，但他的态度之中却有一丝并非不友善的东西，使他对人一视同仁，不做任何区分，尽管他礼貌周到，脾气也好，但那只是不带感情的直觉反应。我想见到的是互动，然而我却隐然有自闭儿的父母必然会有的感觉，尤其是碰到孩子毫无反应的时候。在某些方面，我仍然期望史蒂芬是个相对正常的孩子，具有一些特殊的天赋与缺陷。如今我却觉得他大为不同，他的人与心智可说是完全不同于一般人，他自有其程序，我的任何常规都完全无法界定他的一切。

然而有些时候我仍能感觉到我们之间的交流，如剥蛋壳、“老师与学生”游戏，因此我仍然希望和他有某种关系，所以我每次到伦敦，一定会去看他，而通常我一年总会去好几次。有一两次我只能跟史蒂芬散个步，我也依然希望他能够展现他的内在，让我看看他自发性的、“真正的”自我。然而他除了总是开心地对我说“哈啰，奥立弗！”之外，仍然跟以往一样拘谨、严肃与疏远。

不过我们倒有一项共同的嗜好：我们都喜欢认车。史蒂芬尤其喜欢二十世纪五六十年代堂皇的敞篷车。而我最偏好的，则是我年轻时的跑车：旧型的捷豹、布里斯托等等。我们两人可以认出大部分路上疾驶的车辆，我想史蒂芬把我看成认车游戏中的盟友或同志，但也仅止于此。

《漂浮的城市》于 1991 年 2 月出版，并且立刻登上英国畅销榜的榜首。史蒂芬听到这个消息之后说：“很好！”他似乎并没有装模作样，也不了解怎么回事，就是这样罢了。

这会儿他在一所新的技术学校就学，学习当厨师，学习搭乘公共交通工具，并且开始学会一些独立生活的技能。但星期日仍全心投注于绘画，不管是否有人要他的作品，每个周末数量仍持续增加。

本文节选自《火星上的人类学家》（中信出版社2016年版，赵永芬译），由中信出版社授权发布。作者萨克斯医生与多位大脑受损病人交流、记录下他们的故事，借此来重新认识人类的大脑和自身，这些工作集结成《火星上的人类学家》《错把妻子当帽子》《脑袋里装了2000出歌剧的人》等畅销作品。讲述动物学家、心理学家同时也是自闭症患者泰普·葛兰汀（Temple Grandin）故事的《火星上的人类学家》，更被改编为电影《自闭历程》搬上荧幕。

奥利弗·萨克斯（Oliver Sacks）

（1933—2015），医生、生物学家、神经病学专家、作家，在医学和文学领域均享有盛誉。萨克斯毕业于牛津大学皇后学院，曾在哥伦比亚大学临床神经科执教。

执行策划：

荣　妍（熬夜大师修炼手册）

傅丰元（数字成瘾报告）

Lobby （被误解的内向者）

不知知（虚拟偶像）

微信公众号：离线（theoffline）

微博：@离线 offline

知乎：离线

网站：the-offline.com

联系我们：AI@the-offline.com

逃离青年危机：

当代焦虑生活诊疗手册

胡　南　主编

虚拟偶像

電子工業出版社
Publishing House of Electronics Industry
北京・BEIJING

图书在版编目（CIP）数据

逃离青年危机：当代焦虑生活诊疗手册. 虚拟偶像 / 胡南主编. -- 北京：电子工业出版社，2021.4
ISBN 978-7-121-40195-4

Ⅰ. ①逃… Ⅱ. ①胡… Ⅲ. ①焦虑 – 心理调节 – 青年读物 Ⅳ. ①B842.6–49

中国版本图书馆CIP数据核字（2021）第010831号

责任编辑：杨雅琳
印　　刷：河北迅捷佳彩印刷有限公司
装　　订：河北迅捷佳彩印刷有限公司
出版发行：电子工业出版社
　　　　　北京市海淀区万寿路173信箱　邮编 100036
开　　本：720×1000　1/32　印张：7.75　　字数：150千字
版　　次：2021年4月第1版
印　　次：2021年4月第1次印刷
定　　价：98.00元（全四册）

凡所购买电子工业出版社图书有缺损问题，请向购买书店调换。若书店售缺，请与本社发行部联系，联系及邮购电话：（010）88254888，88258888。

质量投诉请发邮件至zlts@phei.com.cn，盗版侵权举报请发邮件至dbqq@phei.com.cn。

本书咨询联系方式：（010）88254210，influence@phei.com.cn，微信号：yingxianglibook。

虚拟偶像

虚拟
偶像

1962年，贝尔实验室的IBM7094成为“世界上第一台会唱歌的计算机”，用充满电流感的声音唱出了一曲*Daisy Bell*。80年代，由计算机合成的虚拟人物麦克斯·海德鲁姆（Max Headroom）在英国诞生，他拍电影，打广告，家喻户晓，这可能就是世界上第一个虚拟偶像。再后来就有了初音未来，这个永远16岁的少女和她的葱色双马尾陪伴我们走过了十年。

关于虚拟偶像，首先要谈的必须是全球虚拟偶像人气代表——初音未来。评论家林赛·佐拉兹在《初音是一款软件，也有可能是音乐的未来》中告诉我们，初音在大洋彼岸的美国也有众多粉丝，人气之旺连《纽约时报》也不禁发问：初音未来的流行是否意味着我们所熟知的音乐的终结？诞生于人声合成软件Vocaloid的初音完全由民主打造，歌曲由全世界的创作者写就，这种全新的流行偶像模式简直是媒体研究者的梦想。在辛辛那提的初音演唱会上，整齐划一的荧光棒是初音精神的完美体现：粉丝们在应援初音，其实也是在应援他们自己。

如果说“虚拟偶像”这个词语中，“虚拟”代表着可定制的属性、时空的拓展和永不过时，“偶像”则代表着“人”的一面，代表偶像陪伴粉丝、和粉丝共同成长的人格和共情。在《虚拟偶像的困境和繁荣》中我们将看到，当虚拟偶像从小圈子趣味走向大众流行，进入虚拟偶像的“战国时代”，他们背后的偶像企划——从诞生初音的 Vocaloid 到 idolm@ster 和时下在秋叶原大热的 LoveLive——也在不断地摸索“虚拟”和“人格”之间的平衡，探索虚拟偶像的终极形态。

随着虚拟偶像的诞生，赛博表演（cyberformance）也进入了公众的视野。在《兔子洞那头的虚拟舞台》中，我们将看到这种新的表演形式从实验走向市场化：来自 101 个国家的 5095 人组成了一支“虚拟合唱团”；老牌乐团 ABBA 宣布将借助虚拟现实和人工智能技术复出；迪士尼打造了 360° 全景式的《狮子王》开场曲；英特尔在真实的剧场里融入虚拟现实，重现了莎翁名剧的光影想象。如同早期的电影艺术在简陋的技术环境中创造了视觉奇迹，40 年后的今天，赛博表演帮助我们再一次思考表演的空间性与数字技术的关联。

初音是一款软件，也有可能是音乐的未来

作者 | 林赛 · 佐拉兹　　**译者** | consideRay

整齐划一的荧光棒是初音精神的完美体现：粉丝们在应援初音，其实也是在应援他们自己。

在过去近十年一直保持 16 岁年纪的初音未来是日本人气最高的流行偶像之一。演出时，她几近垂地的碧绿色双马尾会随着舞步摇曳。根据她的唱片公司网站公开的数据，初音身高为 158cm，体重是 42kg。她曾经担任 Lady Gaga 演唱会的开场嘉宾，也跟法瑞尔 · 威廉姆斯（Pharrell Williams）合作过一首单曲，她演唱过的歌曲已经超过 10 万首，几乎涉及现有的任何音乐风格。你可能知道，她是一个“全息影像”，不是真实存在的人物。但是如果在她的铁杆粉丝（她的 Facebook 主页有 250 万

关注者）面前这么说的话，他们肯定会马上跟你翻脸（而且千万不要说她是卡通人物）。在不同人的眼中，她可能是引领大规模协作流行音乐的先驱，也可能是以全息影像出现的天启女骑士。她还成为大卫·莱特曼（David Letterman）深夜秀的表演嘉宾，这是她第一次在美国上电视；不久后，她在汉默斯坦舞厅举行了两场充满话题性的演出。对于这种现象，《纽约时报》也不禁在一篇头条标题中问道：“初音未来的流行是否意味着我们所熟知的音乐的终结？”

初音未来其实是 Vocaloid——一款语音合成软件的一个化身角色，大概可以理解成 Siri 和 GarageBand 的结合体。一篇由粉丝编写的 Vocaloid 介绍文章给出的解释是：“将人声录制成简短的采样，并保存在一个音源库当中，然后作曲人和制作人就可以利用这个软件组合出自己需要的歌声。”虽然听起来“不明觉厉”的样子，但这其实不是什么新技术。1962 年，贝尔实验室的 IBM 7094 成为“世界上第一台会唱歌的计算机”，它当时用一种充满电流感的声音唱出了一曲 *Daisy Bell*（几年后，斯坦利·库布里克在《2001：太空漫游》中的一段剧情对此做了致敬：HAL 9000 电脑在临终前也低吟着 *Daisy Bell*）。

现代的 Vocaloid 技术出现在 2000 年，当时 Vocaloid

开始发展一些商业上的用途，不过它在早期仍然是一个面向音乐制作人和软件工程师的小众工具。后来一家来自日本札幌的音乐软件公司产生了这样一个想法：如果将 Vocaloid 推广给大众用户会发生什么呢？这家公司叫作 Crypton Future Media，它的名字取自一部威廉·吉布森的小说。它在 2004 年发布了首个 Vocaloid 音源库：Meiko，她的形象是一个身穿红色皮革两件套的元气女孩；另一个角色 Kaito 在 2006 年推出，他是一位身穿白色风衣的蓝发美男子。花费 19950 日元（大约 1200 元），任何人都能在个人电脑上使用 Meiko 或 Kaito 的声音作曲。

不过 Crypton 直到 2007 年才真正推出初音未来（名字的含义是“未来最初的声音”），她是专为吸引动漫迷而设计的 Vocaloid 角色，音源提供者是动画声优藤田咲。Crypton 的 CEO 伊藤博之当然希望初音可以被大众接受，但是他还是被接下来发生的事情完全震惊了——初音的推出不仅带来了软件销量的爆发（同年售出了 4 万份），还促进了大量初音同人作品涌现。她可以说是一炮而红。

初音恰好出现在一个完美的时机，社交媒体的兴起使得音乐制作和分发开始变得大众化。由于粉丝的反应热烈，Crypton 在初音发售不到三个月时间就建立了 piapro.jp 网站，初音迷可以在这个免费的社交媒体平台上发布同人作品，还可以认识其他的同好。伊藤在接受我的 Skype 采访时表示，这个平台很快就成为一个促进协作的渠道：“一个人会说，‘我想写歌词，但是我不会编辑初音未来的声音。’另一个人会说，‘没问题，我会弹钢琴。’所以不同的粉丝可以在这个平台上找到组织。”这是一种全新的流行文化众包形式，显然，初音开启了一个新的时代。

“你知道她是不能接受采访的，对吧？”初音的经纪人在我们的第一次电话采访中问道。初音当然是有经纪人的——出道十年以来，她已经成长为一个成熟的全球性偶像，还顺带捧红了许多本来为她作曲的艺人（比如日本音乐制作团队 Supercell 和电子流行音乐组合 livetune）。在技术的帮助下，初音的 3D 影像可以投影在幕布上，这样一来她就可以到世界各地进行现场演出，甚至还参演过一部完全由 Vocaloid 角色组成的歌剧，当时的演出服装是由著名时尚设计师马克·雅各布斯（Marc Jacobs）设计的。在本国她是一个家喻户晓的人物，一位 Crypton 员工告诉我，“在日本，从 5 岁到 25 岁的人几乎没有不认识她的。”

在 10 月的一个周五傍晚，纽约第三十四大道上排着一条蜿蜒的长龙，一直通往汉默斯坦舞厅。你可以轻

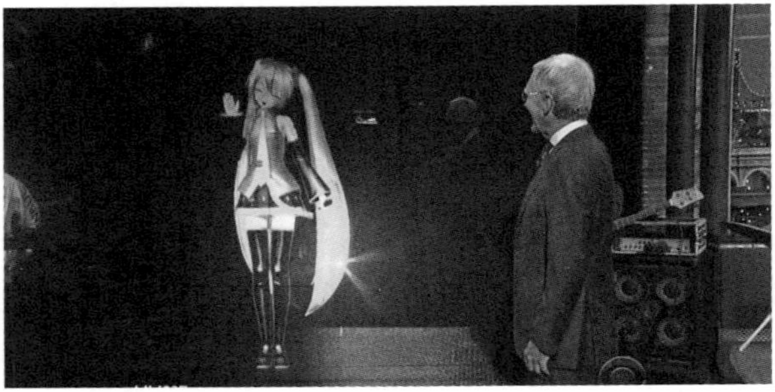

• 2014 年初音在大卫·莱特曼深夜秀上表演，宣传在美国的巡回演唱和展览会 MIKU EXPO。

易分辨出队伍中不同的人群：身穿便服的父母领着打扮成 Vocaloid 角色的孩子、围在一起说笑的中学生，还有一些看起来可以告诉你最近的漫画书店在哪里的成年人。长龙中至少有一半的人都带着一些初音的周边（有一群中学生穿着同款 T 恤，上面印有四个 Vocaloid 角色穿过艾比路的图案，购于 Hot Topic 商店），另外有大概三分之一的人都穿着 cosplay 服装。我在现场还见证了一场 Vocaloid 式的邂逅——有一个女孩将自己打扮成金发 Vocaloid 角色镜音铃的样子，看到自己的“双子搭档”镜音连之后她惊呼，“我们来自拍一张吧！”

在艰难地挤进会场之后，我的脑海中浮现了许多跟

《纽约时报》相似的问题，引人深思。如果初音继续流行下去的话，虚拟流行偶像会不会最终取代真人偶像？捧红一个电子版的贾斯汀·比伯会不会比捧红真人更保险？我准备向身边的一对父子攀谈，这些问题自然不适合作为开场白，所以我决定先问："你们是从哪里过来的？"

答案是辛辛那提，他们千里迢迢开车过来就是为了观看这场演出。儿子成为初音迷已有三年时间，而且我看得出来他起初对我的身份是有所怀疑的，直到听说我也在麦迪逊广场花园看过初音的现场演出之后，他才放松了警惕。那是在去年春天的一场 Lady Gaga ArtRave 巡回演唱会上，初音是当时的开场嘉宾。小男孩看的是在俄亥俄州举行的那一场，我们一致认为初音的开场表演有些美中不足。全息影像需要在特定的视角观看才能达到最佳效果，因此初音的演出布景并不适合用于大型场馆。我当时坐在舞台的最右侧，看到的角度完全不对。"是啊，"他说，"不过她当时只是跟着伴奏表演。今天晚上的效果肯定会好很多，因为她身后会有真人乐队在演奏。"我不懂装懂地点了点头，但也没能化解接下来的尴尬。

"每当我遇到初音未来的粉丝时，我们都会有一种难以名状的喜悦感，就像初音是我们亲手造就的一样。”加州大学圣地亚哥分校的塔拉·奈特（Tara Knight）教授说道，她正在筹备一部关于初音未来的纪录片。“我们都是其中的一分子。”

在美国，大众对初音的讨论都集中在“全息影像”的部分，但随着你不断深入挖掘 Vocaloid 文化，你会发现全息影像也许是其中最无趣的一部分。初音现象带来的最大颠覆是，她的所有音乐——包括她在演唱会上表演的歌曲——都是由粉丝创作的，其中有些人甚至不会读谱，如果没有初音的出现，他们或许永远不会发掘自己的作曲能力。“初音的粉丝不太会把她看成是一个特殊的人物，像 Lady Gaga 那种，”奈特说道，“而是看作他们展现自己的一个渠道。”（由于 Crypton 已经通过知识共享协议开放了初音的版权，所以粉丝们可以免费将她的形象用于非商业用途，而且还可以保留自己创作的任何歌曲的版权，也就是说他们其实可以通过一些大热的单曲赚取收入。）

每当谈起初音的时候，奈特都会变得神采飞扬，原因很简单：初音是媒体研究教授的梦想——这是一种全新的流行偶像模式，粉丝可以亲自参与打造自己的偶像。“这跟现有的艺术文化制作方式完全相反，”她激动地说道，“她不是米克·贾格尔[①]那样的创作鬼才，而是别的东西。这是初音最特别的地方，她正在颠覆‘什么是真实’的概念，并且达到了一个独唱歌手所能企及的最高点。”

当然，在某些人看来，这种后人类流行明星的概念还是有点不可思议。但事实确实如此吗？从杂志封面上那些过度 PS 的女郎照片，到满屏电脑合成图像的“实景真人”电影（比如卷福可以变成一条龙），我们其实正在适应一定程度的增强现实。音乐界也是一样，现在许多当红音乐人的形象和作品都有 Vocaloid 的痕迹，Zedd（曾与初音合作过）、Skrillex 和 Avicii 这些电子舞曲新星既是幕后的制作人，也是台前表演的艺人；Daft Punk 和 Deadmau5 无需以真面目示人也能俘获大批粉丝。

数字文化已经改变了流行偶像的形态，Vocaloid 也是这种现象的合理延续——它提升了粉丝的地位和作用。我们已经看到了 Little Monsters、Beliebers 和 Swifties[②] 这些庞大的粉丝团体，还有他们的偶像也一再重复：我做的

① 米克·贾格尔（Mick Jagger），英国摇滚乐手，滚石乐团创始成员之一，职业生涯横跨 50 年，被称为“摇滚史上最受欢迎和最有影响力的主唱之一”。

② 分别指 Lady Gaga、贾斯汀·比伯和泰勒·斯威夫特的粉丝。

一切都是为了我的粉丝。初音的走红不仅证明了粉丝可以促进艺人在商业上的成功，他们还可以成为艺人作品的支柱。你无需苦苦等待初音发表下一支单曲，因为你可以亲自为她创作一曲（或者导演她的音乐视频，编排一段舞蹈，甚至将她的单曲翻译成其他语言）。

但是这里也存在一个容易被人忽视的严重问题：初音的形象是一个美丽、苗条、永远不会长大的少女，任何人都可以让她唱出、说出和做出任何东西——对于某些粉丝来说，这无疑是她的一部分魅力所在。奈特说她遇到过一些男性粉丝会将初音看成是他们的“性幻想对象”，也有很多人认为她是“一个让人想保护和帮助的妹妹”。这种开源的特性还带来了一些更有争议性的初音同人作品：网络上已经形成了一个百合 Vocaloid 歌曲的圈子（其中很多歌曲会将初音和其他女性 Vocaloid 角色放在一起“演出”）；还有人做出了另类版的“肥音未来”（Fatsune Miku），这是对初音的过轻体重的抗议。

“我认为在日本女性的眼中，”奈特说道，“她是可爱和赋权的结合。那些 cosplay 初音的日本女孩通常都是比较文静和内向的，所以这是她们公开表达自身权力的一种方式。”

初音刚刚登上舞台，后排的观众席就爆发出了我从来没有感受过的热烈气氛。每位观众在入场时都会拿到一根浅绿色的荧光棒，观看初音现场演出的一个重要体验是跟着音乐的节奏挥舞手中的荧光棒。初音和她的乐队以电子舞曲 *Sharing the World* 作为开场，我很快就感受到了身后观众的荧光棒在我头上来回挥动。在第一首歌结束之前，我决定站起来走向露台。

事实证明这是一个正确的决定——露台上看到的景象令我感到十分震撼。整齐划一在空中挥舞的荧光棒是初音精神的完美体现：粉丝们正在应援初音，但其实也

• 汉默斯坦舞厅的大屏幕上闪烁着一条重要安全警告：不得使用超过 6 英寸的荧光棒。在演出开场 30 秒之后，我明白了这条警告的用意。

是在应援他们自己。在露台上我可以用最好的视角看到初音，她真的是光芒四射。双马尾轻盈摇摆的样子令人陶醉，脚下的舞步动作也是恰到好处。舞台上的她竟然意外地像是一个真正的歌手。不喜欢 Vocaloid 的人通常认为不是真人歌手演唱的歌曲肯定会是“冷冰冰”和毫无感情的，但是在初音的演唱会上，我看到的却是恰恰相反的景象。可能是受到了日本动漫的夸张情节的影响，Vocaloid 歌曲往往都饱含强烈的情感，比如表达分手情感的 *Just Be Friends*（由特别嘉宾巡音流歌演唱），以及初音的情歌 *Glass Wall*。当初音唱出返场曲目 *Starduster* 时，我身边有好些粉丝都泪目了。

人们经常吐槽看演唱会就是“掏钱看两个小时的大屏幕”，但是在听完全场 27 首歌曲以后，我已经完全不觉得这种做法有什么不妥。毕竟在那场座位偏僻的 Lady Gaga 演唱会上，我也盯着大屏幕看了差不多一晚上。

不久前，游戏网站 Polygon 发布了一段题为“作为流行明星，初音未来是否比贾斯汀 · 比伯更好？”的视频。这个比较对手可不是随便选出来的。有一部分初音迷非常讨厌贾斯汀 · 比伯，而且他们毫不掩饰自己的厌恶之情。在谷歌上搜索“初音未来 vs. 贾斯汀 · 比伯”可以得到数十万条结果，其中有一张恶搞图片是比伯在吹嘘自己有很多粉丝，然后初音的回应是："省点吧，我有好几百万粉丝，但我甚至还不是真实存在的呢。"在各种八卦新闻的加持下，初音粉丝圈中形成了这样一种看法：比伯是最有性格的流行明星，因此他也是最有可能犯错误的——这是虚拟偶像支持者经常搬出来的论点。起初，比伯也是被标榜成一个全新类型的偶像：我们只是在YouTube上发现了这个小男孩，现在他成了一个大明星！但是他接下来还是注定会走向明星走红的老套路：富有才华的年轻人在众人的瞩目之下成长，然后堕落。然而对于初音，你可不会在八卦网站上搜索到她的花边新闻。

流行偶像需要面临的残酷压力是有目共睹的，但我们真的应该完全颠覆音乐产业，让虚拟偶像取代真人偶像吗？这一天还不会那么快到来。"虚拟歌手永远都不会取代真人歌手。"伊藤向我保证。但他也表示，初音和她的同伴会让粉丝们"发现自己从来没有觉察到的天赋"。

所以Vocaloid反对者的担忧其实是不得要领的，流行音乐的未来不会被冷冰冰的全息影像所统治。初音的出现为我们带来一种人人均可参与的全新音乐制作模式，从这个角度来看，她也许是最贴近大众的流行歌手。

"我希望这种协同创作的精神可以随着Vocaloid的流

行一直维持下去，”奈特说道，“这已经在日本发生了，我真希望这些也能在美国实现。”

本文原载于《纽约杂志》2014年11月17日刊，由作者授权发布。

林赛 · 佐拉兹
（Lindsay Zoladz）

流行文化和流行音乐评论家，The Ringer 特邀撰稿人，作品见于 Vulture、Slate、New York Magazine 等主流媒体。

24/7 不间断的陪伴，
虚拟偶像的困境和繁荣

作者 | Jesse Chan

有谁能抗拒得了，这样 24 小时、365 天不间断的陪伴呢？

偶像最初到底诞生于哪一天，可能已经很难考证了。从偶像战国时代到 AKB48，偶像产业在一次次地证明着，人们是多么需要偶像的存在。偶像不是艺术家，它是艺术家自己角色的异化，偶像所贩卖的从来不是“艺术作品”，甚至不完全是那些从文化工业的流水线上下来的“产品”。偶像贩卖的是“共情”，是粉丝的意志，得以在偶像的身上体验、具体化、落地；是自己的努力，无论是金钱上的、体力上的，还是精神上的，和偶像的努力

一起，创造出“奇观”，并且通过这种奇观来给自己所做的事情寻找意义。

其中的集大成者，自然是 48 Group 的“总选举”制度。通过唱片销售所附带的“选票”给偶像排名，来证明粉丝是否足够努力，是否花了足够多的钱来让自己喜欢的偶像走得更远。这在外界看来是可耻的，很多“本质饭”自己也知道这只不过是商家骗取钱财的手段而已。但只要身处这个圈子内，大家就无法否认，看到喜欢的偶像因为自己的付出获得更好的结果，这件事本身给自己带来的满足感。

虚拟偶像的诞生就是这样顺理成章。因为现实偶像大部分从一开始就是在顶着一张“假面人格”面对粉丝，其偶像身份和本身的自我人格是很容易割裂开的。那为什么不干脆从一开始就凭空创造一个这样的“人格”呢？他们可以突破时间空间的限制，永远不需要休息，可以顺着网络在转瞬间走遍世界，在设定上给创作者无限的施展空间，并且永远不会有丑闻……

而今天，距离世界上最早可考证的虚拟偶像的诞生已经超过了 30 年[①]，虚拟偶像产业进入蓬勃发展期，也已经十几年了。作为一个“伪偶像宅”，车上放着好几张 μ’s 的唱片，3DS 里有初音的游戏《未来计划》（*Project Mirai*），她们给了我切实的陪伴，和更多无以言表的感动。

最不像偶像，却成了最火的虚拟偶像——初音未来的繁荣和 Vocaloid 的困境

如果你要问，在主流世界里最火的、认知度最高的偶像是谁，恐怕除了初音之外，不会有第二个答案。当我们拿出时下在二次元大本营——秋叶原的街头能看到的最火的虚拟偶像企划 LoveLive，分别和 Hatsune Miku、初音ミク做关键词，通过三者在谷歌趋势里的指数来比较知名度的差距。显然，初音的两个关键词，在全世界范围内的搜索量都要远高于 LoveLive。

---

① 80 年代，由编剧乔治·斯通（George Stone）创作的虚拟人物麦克斯·海德鲁姆（Max Headroom）被认为是世界上第一个计算机仿真人物，由计算机合成辅以特效化妆和手绘背景打造。由于出演 1985 年的英国赛博朋克 TV 电影《疯狂麦克斯》而家喻户晓，后来还拍了很多电视、电影和广告。

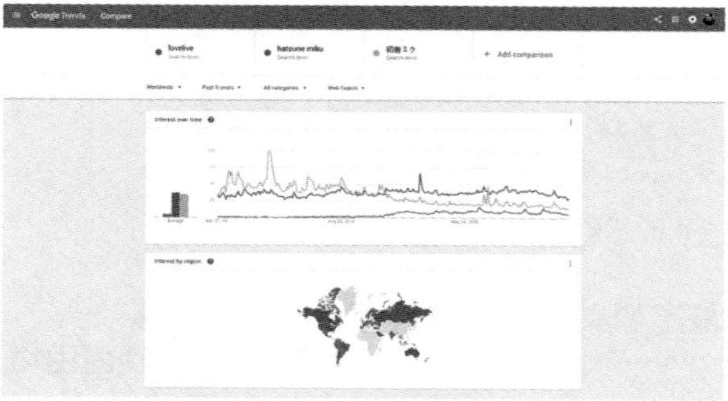

但初音未来，并不是最初就作为“虚拟偶像”诞生的，初音未来实际上是电子音乐制作人声合成软件 Vocaloid 的一个分支——“角色主唱系列”里的角色。最早由插画家 KEI 设计，声优藤田咲提供原声。在初音之前，实际上 Vocaloid 已经推出了 Meiko 和 Kaito 两个形象，但反响平平。而初音的一炮而红，无疑是给整个 Vocaloid 产业带来的一针强心剂，直接导致后来包括镜音双子、巡音、结月、GUMI、IA、MAYU 这一系列虚拟偶像形象的诞生，引领了 Vocaloid 产业这 10 年来的繁荣。

Vocaloid 可以让创作者通过调教程序，使其唱出歌声来。Vocaloid 的美好之处，就在于它在试图解决“好的曲子同样需要好的表演者才能演唱出来”的问题。因为它是电脑合成声音，所以没有了理论上的声音限制，可以无限地飙高音、飙吐词速度。Vocaloid 也是实打实的民主创作。任何人只要买一套软件，就可以用 Vocaloid 创作歌曲，将一个完整的作品上传网络，供全世界欣赏。这样的低门槛，让 Vocaloid 生态里诞生了成千上万的作品，几乎每一天都有大量的作品被上传。

初音未来已经被当作 21 世纪日本文化的一个重要象征来看待。但很多人没有意识到的是，初音未来从一开始就不是一个“偶像”，直到今天，她也仍然跟传统的偶像形态相去甚远，甚至沾不上边。

• 初音未来被当作 2007 年东京文化的象征编入 *Tokyo Culture Story* 这个视频里。

作为偶像的初音，是完全“可定制”的，创作者可以在她身上安上任意的属性。官方实际上完全丧失了对其的控制。初音形象本身，和同人文化是密不可分的。她依靠着各种民间的再创作才鲜活起来。但这样的再创作始终是分散的，不可能真正建立起一个完整、有机的人格。

如果你去问一个粉丝，初音未来的人格是什么样的？可能很难有人确切地给你一个答案。就像之前 Google Chrome 的广告片里说的，“Hatsune Miku, Virtual Singer. Everyone, Creator.”（初音未来，虚拟歌手。创作者，每个人。）初音是一个任何人可以用来创作任何作品的“工具”，你可以给她设定背景，其他人也一样。有少数 P 主（使用 Vocaloid 软件制作音乐的作者）尝试在音乐里植入背景，讲故事，但真正做到一炮而红的却至今也没有。到最后，除了那一身官方设定里的衣服和经典的葱色双马尾，我们似乎很难回忆起关于初音未来的故事。

而“人格”与“故事”，恰恰是一个偶像最重要的组成部分之一。初音很火，但她仍然是在依靠着 Vocaloid 猎奇的概念席卷全世界。大家会说，“噢，她唱的歌居然全部是电脑合成的，好厉害。”“诶？这一首初音的歌真好听啊。”但很少有人会和初音之间产生“共情”，和她同笑同哭，而初音也很少有真正能深入人心的“感情流露”。

这就是为什么初音这个概念和形象席卷了全世界，但她所隶属的 Vocaloid 生态，却一天天衰败下去。作为“偶像”的初音未来，显然并没有发挥出与其知名度相匹配的消费号召力。直到今天，整个 Vocaloid 生态里诞生了无数的歌曲，但真正在演唱会上表演的，在游戏里作为曲目的，仍然只有那数百首。更多的人，对初音的演唱会、游戏、制作歌曲的 P 主，并不那么关心——初音的关注度并没有转化为足够的消费，也没有足够多的“死忠粉”一直狂热地追捧她。粉丝没法在初音身上看到“人性”的存在，或者说恰恰因为初音身上展现出的“人格”太多，初音就很难作为一个能够陪伴粉丝、让粉丝的努力具象化的偶像存在了。

用 niconico 上播放、评论、弹幕、收藏量进行加权算出的分数，来反映一个 Vocaloid 作品是否受欢迎的“周刊 Vocaloid 排行榜”，三年前，要进入前 30 名需要 4 万分，第一名有 50 多万分，而今天，进入前 30 只需要 1.9 万分，第一名也只有 20 万分。这反映出 Vocaloid 的生态正在逐渐衰落。

成也民主，败也民主。初音的诞生乘着同人文化高速发展期的红利席卷而来。但 Vocaloid 的技术限制，加上初音人格的一成不变，让粉丝们也渐渐感到疲倦。我自己曾经每一期 Vocaloid 周刊新曲一首不落，到现在，也只是会在去秋叶原的时候还想起要去机厅打一盘 divaX、出了 PS4 版的时候想着买一盘的路人粉。

如果说“虚拟偶像”这个词语中，“虚拟”带来了理想的状态，使这样一个“机器”可以不受限制地唱、跳，可以处于任何时间地点，可以被附加上任何的设定和属性；“偶像”代表着她必须又有“人”的属性，粉丝能从其身上看到其人性的一面，被其人格所吸引。那么初音未来以及 Vocaloid 生态下的所有角色，都是失去了或过于弱化了人格的存在。

而与之相对的，也有一个非常强调虚拟偶像的人格性，甚至照搬了现实中偶像圈子的设定的虚拟偶像企划，idolm@ster。

在虚拟世界里创造你自己的偶像帝国——idolm@ster 的 200 多个偶像

如果说初音是一个高度理想化、虚拟程度极高的偶像。那 idolm@ster（偶像大师）所做的，就是在虚拟的环境中，模拟出近似现实偶像行业的体验。idolm@ster 企划主要围绕着游戏展开，第一部作品于 2005 年在街机平台登陆，主打模拟养成和节奏音乐，玩家需要扮演偶像公司的制作人，发展偶像公司。之后在 2007 年发布了 Xbox 360 的独占移植版，因为其较高的自由度，玩家可以在游戏里选定不同的偶像角色组队进行表演，每个人都能排列出不同的组合，让玩家有动力把自己的游戏录像上传到 niconico，这样大量的 live 视频让游戏得到推广。

很可能是受到 48 Group 的启发，idolm@ster 从最初的游戏到今天，其整个生态内已经诞生了 200 多个偶像。并且跟 48 Group 一样，也会每年进行总选举。足够受欢迎的角色才能入围出道、出 CD、附声（安排声优为其配音、演唱）。

大量的候补生高度丰富了 idolm@ster 的角色多样性，跟 48 Group 一样，几百个女孩（还有 sideM 系列的男生偶像）站在你面前，总有一款你喜欢。而事实也证明，从 2005 年到今天，idolm@ster 有着绵长的后劲，虽然没有成为过特别火热的国民级话题，也没有走入过二次元之外的主流舆论视界，但一直保持着相当高的热度，并且有着一大批愿意为之一掷千金的忠实粉丝。

• 《idolm@ster 剧场版走向光辉的未来！》特典 CD 封面。

但 idolm@ster 的局限也一直存在。通过大量的偶像候补生让每个人找到适合自己口味的偶像，这是可行并且成功的方式。但这样的方式却不一定适合虚拟偶像行业。现实中的偶像，即使再默默无闻，也至少是一个活生生的人，能唱歌，能跳舞，能和粉丝进行互动，握手会的时候还能和粉丝像朋友一样聊天。现实中一个默默无名的小偶像，粉丝也能够了解他的很多特性。

但虚拟偶像显然不是这样。idolm@ster 企划中，新角色出道时，仅仅有简单的几行设定，加上几张立绘。这导致的问题是，在这个虚拟偶像真正出道之前，没有人知道她未来会具有什么样的特性，会找谁来为其附声，会出什么新的形象，甚至插画的质量也会改变。这让 idolm@ster 选举的马太效应[①]变得特别强，大部分粉丝其实还是围绕在企划投入了更多资源去打造的少数偶像身边，而不是像现实中的偶像一样，即使很多人气不高，其粉丝仍然“有东西可饭”，汇集在一起，成为企划的中坚力量。

而要创造出 200 多个偶像是一件需要大量投入资源的事情。尽管 idolm@ster 到今天为止商业上很健康成功。但这样的马太效应始终是个隐患。实际上不利于企划用最好的资源集中打造一个真正完美的虚拟偶像，也让粉丝相对缺乏凝聚力。

PS VR 正式发售后，idolm@ster 系列游戏《偶像大师：灰姑娘女孩》也作为首发游戏登陆了 PS VR。但我看到的，更多是 idolm@ster 顶着有限的粉丝数量，必须不停地推出能够让他们大掏腰包的产品，才能维持企划的发展。而直到今天，企划的主要收入，仍然来自游戏后续 DLC（下载包）的销售，甚至每月出点新衣服新场景，就打成包当 DLC 售卖。这对粉丝的消费能力，也是一种

① 马太效应，指科学界的名声累加的一种反馈现象，最早由美国学者罗伯特·莫顿（Robert K Merton）于 1968 年提出，指强者越强，弱者越弱的两极分化现象，广泛应用于社会心理学、教育、金融以及科学领域。

透支。

idolm@ster 抓住了偶像的“人格性”，但没有找到如何通过“虚拟”的优势来构建世界，在这个环境下创造出来的几百个偶像所带来的工作量过多，甚至成了整个企划的拖累。但 idolm@ster 从一个偏模拟养成的游戏，走到今天偏向唱歌跳舞的音乐类企划，同样也为后来者积累了重要的经验。而这个后来者，就是 LoveLive。

从“奇迹”到“希望”
——接棒μ's的Aqours和她们的LoveLive

如果说 idolm@ster 企划给南梦宫[①]带来了什么经验，那无疑是：大部分虚拟偶像的受众，最在乎的还是偶像的外表是否足够好看 / 歌是否好听 / 舞是否好看。LoveLive 就抓住这几点，横空出世。

LoveLive 最早是在《电击 G 杂志》上发表的读者参与型企划。策划方首先需要了解到底大家喜欢怎样的偶像，然后借助同属于万代南梦宫旗下的音乐制作公司 Lantis 和动画制作公司 Sunrise 的加持，让人设、歌舞制作、动

① 即 idolm@ster 的制作者 NAMCO，是日本知名的电视游戏和街机游戏生产商，旗下游戏包括《吃豆人》《太鼓达人》《皇牌空战》等。

画制作的水准都达到了业界顶尖。

μ's 是 LoveLive 企划所推出的第一个偶像组合。有了高水准的硬件，μ's 同时抓住的，还有偶像体验的核心——陪伴与成长。LoveLive 很好地利用了虚拟偶像背景设定自由的特点，在动画里 μ's 只是一群高中生而已，观众很容易把自己的情感代入故事当中，与偶像角色产生共情。

企划最初公开的 μ's 偶像组合，选用的几乎都是当时并没有什么话题性的声优。策划方做出的“声优出演演唱会”的决定，可以说成就了 μ's 在演唱会上的成功。当粉丝们看着并没有经过严格舞蹈训练的声优从第一届 FirstLoveLive 上稚嫩的表演一点点变得成熟，自然会有一种“陪着偶像一点点成长”的感觉，所以与之相伴，粉丝的互动越来越热烈。

在 FirstLoveLive 上，在表演 *Snow Halation* 这首歌时，一些前排的观众临时起意，把荧光棒切换成橙色，模拟还原了 PV（音乐影片）中背景灯光变为橙色的场景。这个举动引发了热议，并在之后成为每一次 Live 上的保留节目，一次比一次场面壮观。这当然是偶像和粉丝共同成长的典型范例。这样的过程被粉丝们称为“奇迹”。典型句子是：如果奇迹有颜色，那一定是橙色。

在衍生产品的开发这件事上，与 idolm@ster 钟情于街机主机掌机这些传统游戏平台不一样，LoveLive 选择了一条更前卫，但在日本也更“非主流”的道路——手游。为了做大 LoveLive 粉丝的基数，策划方通过免费的手游来吸引更多玩家入坑。其手游的成功，直接导致了一大批偶像企划跟风入市，其中就包括 LoveLive 的前辈 idolm@ster。今天，LoveLive 日服玩家数量超过了惊人的 1800 万，国服也有超过 400 万玩家。这让 LoveLive 拥有了足够广阔的疆域。

有了土壤之后，LoveLive 企划自然也关注如何把偶像的体验更深地渗透进粉丝的生活。LoveLive 与动画中的神社原型——位于秋叶原旁边的神田明神合作，推出了 LoveLive 主题的绘马、御守以及和果子。当你去神田

• LoveLive 主题的绘马。

明神的时候，可以看到巨幅的海报和写着各种祝福的绘马。在秋叶原的街头，LoveLive 已然是最火的 IP，没有之一。几乎每家电玩厅一层都摆满了 LoveLive 主题的娃娃机。就连国服手游《LoveLive：学园偶像祭》的运营方盛大，都包下了上海地铁的一辆车，来做成痛车[①]为游戏宣传。

但即使是一个读者型企划，LoveLive 策划方仍然把控着对偶像从设定到作品的绝对话语权。在角色设定基本定型之后，并没有让民间的声音过多地影响角色本身的发展。这一点最极致的体现，就在于 μ's 的引退。

2015 年，就在 μ's 如日中天的时候，策划方突然宣布，μ's 将举办 FinalLoveLive，并毕业引退。转而让一个新的团体 Aqours 接棒。这件事不出意外地在粉丝中掀起了轩然大波，大部分粉丝都不理解这样的决定，并喊出了“μ'sic forever”的口号，来表达挽留。

而 Aqours 从出道到现在，第一季动画播放结束，第一次 Live 也已经公布，质疑的声音就从来没有停过。不难想象，官方的这个举动，是在为虚拟偶像的寿命做考虑。但从现在看来，接棒 μ's 的 Aqours，更多只不过是换了一拨声优而已，无论是在设定、作品性质甚至动画中故

① 痛车指在车身外观将 ACG 作品人物的图案以彩绘或贴纸等方式装饰上去的车辆，其发源于日本，是 ACG 文化的一环。

事的套路上，都完全没有脱去 μ's 的外壳。如何做好新旧世代偶像的交替、以后的偶像如何在 μ's 如此成功的基础上求新求变，会是 LoveLive 企划面临的大问题。

经过了这么多年的摸索，LoveLive 的成功，背后是策划组对“虚拟”属性的理解所带来的理想化设定，加上动画技术所带来的美好形象，以及对偶像内核的把握，让共情与陪伴有机结合。我们从一开始就说虚拟偶像的一大优势就是不会过时，不会老去，但 LoveLive 策划者似乎并不这么认为，相反他们在这一点上比现实偶像行业还保守，对偶像“老去”有着深深的恐惧。这是一个在疯狂寻求着迭代的企划，而它的未来会如何，我们却难以预测。

虚拟偶像还会继续陪伴我们——充满了无限可能的未来

Adobe 在 2017 年发布了一款人工智能工具 Adobe Sensei，这款基于深度学习算法的工具，可以让图像的处理和编辑变得更为简单，通过 Adobe Sensei，你可以基于一个现有的面部图像，改变其表情。而这个工具经过发展，很可能会催生出高度拟真化的虚拟偶像。同时发布的 Project VoCo，则给 Vocaloid 这样的人工合成声音展开了更广阔的未来。当技术的革新能使虚拟偶像越来越接近真实的时候，初音未来这样的虚拟偶像会获得无限可能的未来。我们也许会看到 Vocaloid 的第二次爆发。

idolm@ster 在其生命的第 11 年，依然在不断地推出新角色，并且有着相当的人气。手游化、降低门槛、做大受众的这条路，给 idolm@ster 的发展提供了蓝图。但无论未来如何，我身边有朋友已经饭了它 8 年之久，能看到自己喜欢的偶像还在不断地出新的歌曲、不断地表演，这件事本身，就是一种幸福和满足。

Aqours 的第一季动画 *LoveLive! Sunshine!!* 结束了，原本以为会对 Aqours 没有太多感觉的我，仍然被最后鞠莉和果南的友情感动得一把鼻涕一把泪。有人说如果 μ's 是关于“奇迹”的故事，那么 Aqours 就是关于“希望”的故事。可能我想要的东西更加单纯——能看到 9 个讨人喜欢的小姐姐在台上唱歌跳舞，在动画里过着日常的生活，这本身不就是最好的情感倚靠吗？

而在对 48 Group 唱衰之声和认为 AKB48 本部已糊的声音不绝于耳的时候，秋元康也放出话来，表示即将推出虚拟偶像计划。这对虚拟偶像行业来说，也会是一针强劲的强心剂。

不可否认的是，虚拟偶像确实已经进入了“战国时代”，每隔一小段时间就能听到新的偶像企划启动的消息。虚拟偶像已经在虚拟世界和现实世界之间开拓出了一片新大陆，并且在这十几年的发展中，不断地摸索两者之间的平衡，摸索“虚拟偶像”的终极形态。而虚拟偶像也跟现实偶像一样，从之前的小圈子趣味，在慢慢被社会的主流声音所接受。毕竟，又有谁能抗拒得了，这样24小时、365天不间断的陪伴呢？

而当我抬起头，书架上的手办做着心形的手势，音响里传来元气满满的歌声，我会想起虚拟偶像对我来说存在的最初意义——时时刻刻提醒你，生活还有意义，你也并不孤单。

Jesse Chan | 一万只小龙虾食用成就达成者。To be nerdy, to be cool.

赛博表演：兔子洞那头的虚拟舞台

作者 | 陈婧

如同早期的电影艺术在简陋的技术环境中创造了视觉奇迹，40 年后，赛博表演帮助我们再一次思考传统表演的疆域与新技术之间的关联。

同台竞技：没有疆界的表演空间

1996 年，“蒸汽朋克”科幻流派创始人之一、“赛博空间”一词的发明者、加拿大科幻作家威廉·吉布森（Wiliam Gibson）在《虚拟偶像爱朵露》这本书中就预言了全息投影虚拟偶像在日本出现：在“东京大冒险”俱乐部，摇滚歌手雷兹突然宣布迎娶东英零——由电脑程序和仿真技术联合打造的偶像明星。

二十多年后的今天，虚拟偶像不仅超越了“能否存在”的争辩，更成为一个受各国年轻人追捧的全球化的普遍现象——“东英零是唯一真实的世界，就存在于不断创造的系列数据之中。她是一套完整的程序，比将她的各个自我相加的总量还要多，无限多。”

随着虚拟偶像的诞生，赛博表演（cyberformance，即 cyber performance）也进入了公众的视野——现代数字技术的快速发展，使得传统的表演要素、表演方式、表演规律都在发生着剧烈的变化。赛博表演一词结合了网络空间（cyberspace）以及表演（performance），由新西兰艺术家及策展人海伦·贾美森（Helen Varley Jamieson）最早使用，她在 2000 年发明这个词时是这样解释的：“我们需要发明一个新的名词，来避免虚拟与真实两极化的现象。我们也需要一个新的名词来称呼一个新的艺术载体，它并非线上表演，也不是虚拟剧场。”

贾美森把赛博表演的历史追溯到 1977 年的卫星艺术计划（Satellite Arts Project），当时的互动艺术先驱吉特·加洛威（Kit Galloway）以及雪莉·瑞缤诺维茨（Sherrie Rabinowitz ）使用现场录影混合，创造了他们所谓的“一个没有地理疆界的表演空间”：在美国国家航空航天局的技术支持下，两组舞蹈演员分别在两个不同地方翩翩起舞，却最后出现在了同一个画面上，看起来似乎正在同台竞技。

• 卫星艺术计划。来源：kemalsahin.com

跨越地域的合唱：作为实验的赛博表演

如同早期的电影艺术在简陋的技术环境中创造了视觉奇迹，40 年后，赛博表演帮助我们再一次思考传统表演的疆域与新技术之间的关联。

在韩国举行的第 42 届亚太地区先进网络会议上，韩国泰恩合作中心的韩国艺术家携手中国、越南的音乐家举行了一次跨国演出。他们虽然身在三地，却用朝鲜半岛的民族传统乐器伽琴、中国的古筝以及越南的独弦琴合奏。在互联网实时演奏时，必须时刻同步到毫秒，否则就会造成整体的失误，难度之大，可想而知。

在过去，地理位置的不同，阻隔了来自不同区域的艺术家之间的合作。而现在通过虚拟的网络空间，我们认为不同的音乐形式之间正激发出合作的可能性，这对于促进世界各地音乐的交流存在着巨大的意义。19世纪密西西比河河畔港埠新奥尔良，黑人在非洲音乐传统的基础上，吸收了古典音乐、民族音乐等诸多音乐元素，逐渐形成了今天门类众多的爵士乐。你可以想象，伽琴、古筝和独弦琴之间交互的重要性。在未来，连接起亚洲和欧洲大陆的不仅可以是商贸的丝绸之路，也可以是一次赛博表演。

普通剧场无法容纳一支3700人的合唱团，但网络可以。曾经获得美国格莱美奖提名的作曲家、指挥家埃里克·惠特克（Eric Whitacre）发起了一个叫作“虚拟合唱团”（Virtual Choir）的倡议：“如果我能让数千人跨越地理界限，演唱各自的声部，把它们录成视频，上传到YouTube，我们就能把这些视频剪辑在一起，变成一个虚拟的唱诗班，一定很特别。”

从作品上传到停止征收作品，不到60天的时间里，有185人参加了第一期“虚拟合唱团”，来自12个国家；而第二期 YouTube 上收到的作品达到了 2051 份，来自 58 个国家。最北端的参与者来自阿拉斯加，最南端的则来自新西兰。之后，惠特克的新作《飞到天堂》（*Fly to Paradise*）再次获得巨大成功，这次他收集了来自 101 个国家共计 5095 人的演唱成果，视频多达 8409 段。

闭上眼睛聆听这段音频，和声整齐，很难想象这是由数千位网友上传的数千条音轨拼接合成的。让惠特克深有感触的是，人类一直在跨越距离去相互寻找和联系。这与科技无关。但是借助互联网这种科技形态，人们正在建立一个真实的联系。“这不是个虚拟唱诗班。这些在线的人们从未见过，但他们也互相了解，唱诗班的亲密，就像个大家庭。”

• 虚拟合唱团第四期《飞到天堂》视频截图。

偶像和戏剧的新舞台：赛博表演走向商业

赛博表演的尝试已经不仅仅停留在实验阶段，也开始在商业领域应用，而虚拟现实或增强现实技术，更催生了赛博表演的市场化。

2016 年 10 月 27 日，老牌超级乐团 ABBA 宣布重聚并携手《美国偶像》的制作人西蒙·富勒（Simon Fowler），从 2018 年起实施自己的“实况数字体验计划”：一种通过虚拟现实和增强现实技术带给观众的全新娱乐体验。

“来自世界各地的粉丝对我们依然充满期待，要求我们改变，再改变。在分开 30 年后，我们想要创造一个‘时间机器’，它可以抓住要点，告诉大家以前的我们是什么样的，而如今我们又是什么样的。”ABBA 乐队成员班尼·安德森（Benny Andersson）在一份声明中这样表示。

富勒则把这项挑战描述为：“我们正在探索新的科技世界，探索虚拟现实和人工智能的最前沿。我们由此能够创造新的娱乐方式，让那些喜欢 ABBA 乐队的歌迷可以通过之前完全不敢想的方式来聆听、观看，甚至直接感受偶像的表演。”

自 21 世纪以来，音乐行业的许多部分都发生了很大改变，但现场音乐表演似乎并没有受到太大的影响。然而随着虚拟现实的普及，这种情况也将迎来改变。环球音乐集团大概是第一个吃螃蟹的。2016 年 10 月 29 日，环球公司发布了虚拟现实平台 VTRGO VR——通过 VR 设备，粉丝们足不出户就能参加明星音乐会。

与此同时，百老汇也在布局，加快向 360° 沉浸式演出体验转型。制作音乐剧《狮子王》和《阿拉丁》的迪士尼戏剧制作公司等，已经开始探索虚拟现实市场的潜力。迪士尼戏剧制作公司在 Wired、YouTube 和 Facebook 上线了《狮子王》开场曲《生生不息》的虚拟现实视频。尽管片长只有 5 分钟，但 YouTube 上的点击数已经超过 120 万。从 1994 年电影发行至今，人们的注意力又一次回到这部经久不衰的佳作。

同年 11 月 17 日晚，在莎士比亚的诞生之地、位于英国伦敦郊区的斯特拉特福小镇，莎翁名剧《暴风雨》（*The Tempest*）在英特尔、知名影视特效工作室 Imaginarium 和莎士比亚皇家戏剧团三方打造下，最后呈现出如同电影《阿凡达》一般的虚拟 3D 效果。不同之处在于，阿凡达是在虚拟空间拍摄经过后期合成，而《暴风雨》这次是实时将虚拟数字化角色在舞台表演中呈现。不仅整个舞台被通过数字化渲染的投影包围，可以做到随时“呼风唤雨”，真实的演员表演还能与虚拟的数字化形象进行实时互动。

• 英特尔、Imaginarium、莎士比亚皇家戏剧团联合打造的《暴风雨》剧照。

三种方式，颠覆传统演出

在当下与虚拟现实技术结合的赛博表演中，大致存在着三种不同的技术走向，这三种走向都变革了传统演出的空间概念，对观众和舞台之间的关系产生新的影响。

第一种是在真实的剧场里融入虚拟现实的元素。以莎翁的《暴风雨》为例，通过动作捕捉技术，即时捕捉到演员的动作、表情等数据，实时传输到后台 4 台装配有英特尔 Xeon 处理器的工作站中，经过视频处理服务器的渲染，再通过现场 27 台高精度的投影仪投射到舞台上。

这样，表演者在虚拟的世界建立了自己的虚拟化身，数字化的虚拟形象投射在舞台中间可以升降的薄纱幕布上，形成虚拟和现实融合出现的效果。

第二种是构建了一个全新的虚拟世界以演绎戏剧内容或是故事。当一种新兴的视觉语言被开发创造出来，舞台就不再是必需品了。以百老汇歌剧《狮子王》为例，Total Cinema 360 公司的联合创始人克莱格·吉尔伯特（Craig Gilbert）利用一台 6 摄像头的 Go Pro 设备完成了摄制工作。不管观众过去有没有看过原版《狮子王》，新短片都有着它自己的吸引力。为了能够更好地契合 360° 全景视频的需求，制作公司对音乐剧进行了一些调整。这个视频可以让观众在 5 分钟里体验剧院观众、后台窥视者和表演者几种不同的视角，仅凭这一点，就让传统舞台下的观众感到诱惑十足。更不用说，迪士尼戏剧制作公司的艺术家们根据虚拟现实技术的独到之处，对《狮子王》的故事背景也相应进行了大刀阔斧的修改。

还有一种则是将真实剧场复刻下来，采取直播或是录播的方式，让不在场的观众也能通过虚拟现实头显观看。在环球音乐集团的 VTRGO VR 平台上的第一场音乐会，就是对摇滚乐队 Avenged Sevenfold 进行 360° 的 3D 直播，负责技术的 VRLIVE 公司首席技术官兼创始人海恩那·李普曼（Heiner Lippman）说：“用户不仅能够观看表演，而且能够参与其中，这将再一次改变人类与世界外部互动的方式。”

这条技术路线也在当下进展最为迅猛：加拿大的太阳马戏团已经在 2015 年 6 月上线了实景真人的虚拟现实表演。只需将三星手机连到 Gear VR 虚拟现实头显设备上，就可以观看太阳马戏团的巡回演出内容《旅行大篷车》（*Inside the Box of Kurios*）。三星还与荷兰国立芭蕾舞团合作，通过诺基亚 360° 全景相机 OZO 进行拍摄，打造了世界首台虚拟现实芭蕾舞《夜幕降临》（*Night Fall*）。

赛博格的表演？

人类一直在试图通过技术获取地理位置的自由：在路易斯·卡罗尔的《爱丽斯梦游仙境》里，爱丽丝不再满足于平庸的日常生活，她穿过兔子洞遇见了另一个世界。随着家用计算机和虚拟现实技术的诞生，荧幕、VR 头显这些设备成了“兔子洞”的当代隐喻，穿过它所见世界的神奇之处并不亚于爱丽丝的仙境。20 年前，除了肉身的相遇，人们可能无法想象彼此还能以什么方式见面。

2014 年，威廉·吉布森在一次采访中，谈到了科技模糊地理空间的趋势正变得越发明显：当地理坐标逐渐被数字化消融，一切就变得非常有意思。因为当你坐在美国堪萨斯州的飞机库里，却可以操纵着一架无人机飞临巴基斯坦上空，而你本人根本无需经历时差。那么我们到底在哪里？

赛博表演的崛起，也在帮助我们重新审视表演的空间性与数字技术的关系。传统的表演艺术离真正的互联网时代还很远：现场表演需要固定的时间、固定的场所，还需要考虑停车等种种不便之处。观众虽然还在花很多钱买票观看交响乐、歌剧或是芭蕾舞的演出，但是当文化消费者习惯在互联网上一天 24 小时廉价地下载歌曲时，在不远的未来意味着什么？我们应该有问题意识。

不过，也有许多专业人员及演出机构对此表示了强烈的否定。如电影导演斯皮尔伯格坚信虚拟现实给娱乐业带来的是毁灭性的打击："我觉得在虚拟现实环境下，人们正走入一个危险的媒介。之所以说它是危险的，原因只有一个：人们可以不顺从讲故事的人的意思，而是自主选择自己的视野。在这样的情况下，用户沉浸在相应的环境中，能够自己选择观看什么事物。我只是希望原本的故事不被遗忘。"

在当下，争论现实与虚拟非此即彼的二元对立时，背后的哲学是柏拉图主义的；另一方面，其背后的政治也可能是既得利益者的。游戏规则改变后，新的数字精英诞生，对物理空间中的“旧贵族”构成了某种程度的威胁。而后者采取话语策略，剥夺前者的合法性，即赛博空间与赛博表演的真实性。

日本的数码艺术家藤幡正树认为：“在赛博剧场里，时间、空间及其中的任何一种信息，都可以变为可以控制的电子‘变量值’，并且总是能够以数码再造的方式任意生成。”

时空的重构固然是欣喜的，更值得探究的是在赛博表演中，人类与机器之间的关系：人与机器之间“主客对立”的权力工具消失了，技术的集权式控制被打破，表演者、观众与机器之间形成了“你中有我，我中有你”的关系，人与计算机之间合作性的交互得到发展。人们所面对的，是一种愈加和谐的人机环境，更是一个全新的人机共同体——赛博格。

新的问题也随之产生——赛博格将如何塑造科学时代的戏剧？对于这个问题，在贾美森看来，至少赛博格从不假装自己是真的。

陈婧

现居巴黎，新媒体人。通过对新媒体艺术的微观察，思索和分析科技正如何改变我们的生活状态、社会关系和并不遥远的未来。

执行策划：

荣　妍（熬夜大师修炼手册）

傅丰元（数字成瘾报告）

Lobby （被误解的内向者）

不知知（虚拟偶像）

微信公众号：离线（theoffline）

微博：@离线 offline

知乎：离线

网站：the-offline.com

联系我们：AI@the-offline.com